中等职业教育"十二五"规划教材

中职中专机电类教材系列

AutoCAD 2008 中文版
二维造型案例教程

黄素兰　主编

陈丽娟　主审

科学出版社

北京

内 容 简 介

  本书系统介绍了 AutoCAD 2008 中文版二维造型的各种绘图及编辑命令，结合实例讲解了二维造型的常用方法及绘制技巧。全书共十个项目和一个附录，主要内容包括 AutoCAD 用户界面及基本操作、创建及设置图层、创建二维图形、编辑二维图形、创建及编辑图块、书写文字、标注尺寸，查询图形信息等绘制机械图形的方法和技巧，以及 AutoCAD 中级证书考证样题等。

  本书实例典型，内容丰富，适合作为中等职业学校、技工学校 Auto-CAD 二维造型课程的教材，也可作为机电类相关专业学生的参考用书，还可用作"计算计辅助设计中级绘图员职业技能鉴定"考证培训的辅导教材。

图书在版编目(CIP)数据

AutoCAD 2008 中文版二维造型案例教程/黄素兰主编. —北京：科学出版社，2010

（中等职业教育"十二五"规划教材·中职中专机电类教材系列）

ISBN 978-7-03-029205-6

Ⅰ.①A… Ⅱ.①黄… Ⅲ.①计算机辅助设计-应用软件，AutoCAD 2008-专业学校-教材 Ⅳ.①TP391.72

中国版本图书馆 CIP 数据核字（2012）第 199137 号

责任编辑：陈砺川 /责任校对：马英菊
责任印制：吕春珉/封面设计：耕者设计工作室

科学出版社 出版
北京东黄城根北街 16 号
邮政编码：100717
http://www.sciencep.com

北京路局票据印刷厂印刷
科学出版社发行 各地新华书店经销

*

2010 年 10 月第 一 版 开本：787×1092 1/16
2015 年 12 月第六次印刷 印张：13 1/4
字数：300 000

定价：26.00 元

前　言

目前，中等职业学校机电类专业的招生规模不断扩大，学生入学的门槛不断降低，因此，开发特色教材、调整教学内容、创新教学方法，成为了当务之急。为能尽快满足教学要求，贴近教学实际，适应学生的学习特点，我们编写了这本符合中等职业学校学生的认知规律、教学形式生动活泼的教材。

本教材突出融合趣味性和实用性，注重培养学生的实践能力，具有以下特色。

（1）以"任务驱动，项目教学"为出发点，将理论知识的讲解融入绘图项目中，从而使学生的学习具有明确的目的，极大地调动学生的学习热情，达到较好的学习效果。

（2）在内容的组织上，突出有趣、易懂、实用的原则，精心选取 AutoCAD 的一些常用功能，结合日常生活应用及工程绘图密切相关的知识构成全书主要内容。

（3）练习适度是本书又一个突出特点。通过适度的实践练习，使学生熟练掌握 AutoCAD 绘图命令，增强绘图技能。

（4）本教材各个项目的构成，既遵循循序渐进的规律，又可相对独立，教师在使用时可根据实际的教学需要选择课题；根据教学进度，既可以采用连续的项目，也可以精选部分项目来教学；学生学习也可以根据自己的程度进行灵活调整，使教与学具有更强的可操作性。

（5）附录提供了 AutoCAD 证书考试练习题，使学生的课程学习与技能证书的考证紧密相连，学习更具目的性。

由于编者水平有限，书中难免存在疏漏和不妥之处，敬请广大读者指正。

编　者

2010 年 8 月

目　录

项目一

了解用户界面及学习基本操作

本项目以 AutoCAD 2008 版为工作平台，主要介绍 AutoCAD 2008 的启动和退出、用户界面的组成及各组成部分的功能。通过两个实训范例，使读者了解 AutoCAD 2008 一些常用的基本操作方法。本项目设有两个任务，推荐课时为 2 学时。

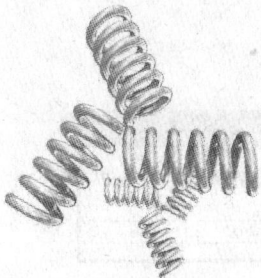

知识目标

(1) AutoCAD 2008 的启动与退出。
(2) AutoCAD 用户界面的组成。
(3) 调用 AutoCAD 命令的方法。
(4) 图形文件的管理方法。
(5) 快速缩放、移动图形及全部缩放图形。
(6) 重复命令和取消已执行的操作。

能力目标

(1) 掌握 AutoCAD 2008 启动与退出的方法。
(2) 掌握图形文件的创建、打开、另存为及保存的操作方法。
(3) 掌握放弃及重做等命令的用途及操作方法。
(4) 掌握快速缩放、移动图形及全部缩放图形的方法。

知 识 链 接

一、AutoCAD 2008 的启动和退出

1. AutoCAD 2008 的启动

启动 AutoCAD 2008 的方法很多，以下介绍几种常用的方法。

(1) 在 Windows 桌面上双击 AutoCAD 2008 中文版快捷图标，如图 1-1 所示。

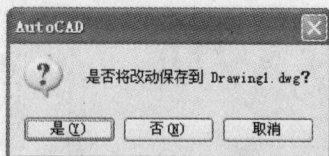

(2) 单击 Windows 桌面左下角的【开始】按钮，在弹出的菜单中选择【程序】/【Autodesk】/【AutoCAD 2008-Simplified Chinese】/【AutoCAD 2008】。

(3) 双击已经存盘的任意一个 AutoCAD 图形文件（＊.dwg 文件）。

2. AutoCAD 2008 的退出

退出 AutoCAD 2008 系统主要有以下 3 种方式。

(1) 单击 AutoCAD 2008 主窗口中的下拉菜单：【文件】/【退出】。

(2) 输入命令：Exit（或 Quit）。

(3) 单击 AutoCAD 2008 主窗口中右上角的 ⊠ 按钮。

图 1-1　AutoCAD 2008 快捷图标　　　　图 1-2　提示是否存盘

当用户发出【退出】命令，而绘制的图形或当前图形经修改又尚未存盘时，屏幕即显示是否存盘的提示，如图 1-2 所示。系统询问用户是否保存所做改动，【是】表示保存所做改动；【否】表示放弃保存；【取消】则表示退出命令，继续使用当前画面。只有当用户做出明确选择后，才能退出系统。

二、认识 AutoCAD 2008 的工作界面

启动 AutoCAD 2008，进入 AutoCAD 2008 的工作界面，如图 1-3 所示。AutoCAD 2008 和 AutoCAD 2007 相比，除了原有的【AutoCAD 经典】和【三维建模】工作空间外，又新增了【二维草图与注释】工作空间。单击【工作空间】工具栏中的 █ 按钮，可选择所需的各种空间。选择【AutoCAD 经典】进入传统的用于绘制二维工程图的工作空间，经典工作空间界面主要由下列窗口元素组成。

1. 标题栏

标题栏位于主界面的顶部，用于显示当前正在运行的 AutoCAD 2008 应用程序名称和控制菜单图标以及打开的文件名等信息。如果是 AutoCAD 2008 默认的图形文件，

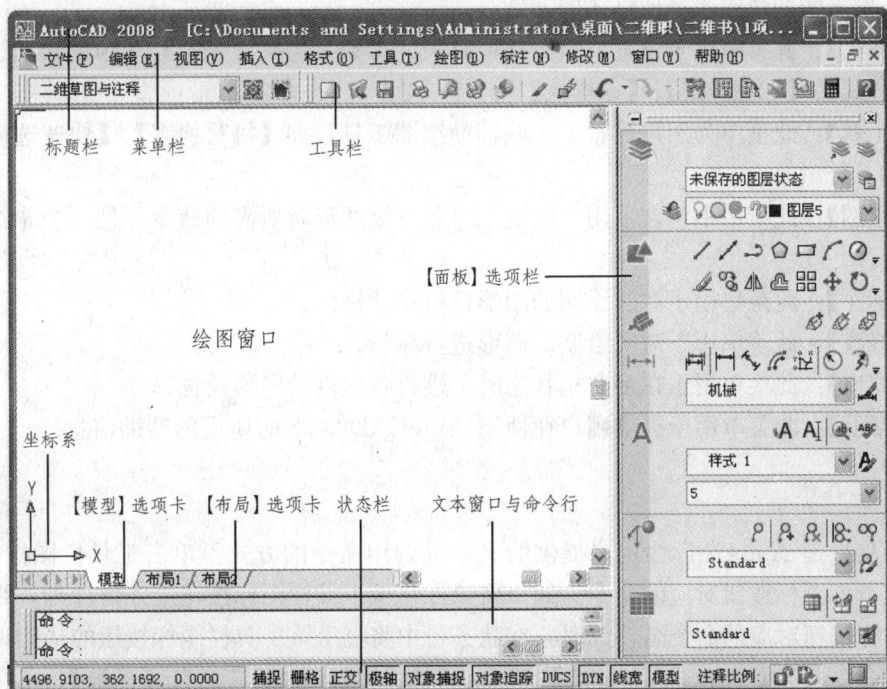

图 1-3　AutoCAD 2008 工作界面

其名称为 DrawingN.dwg（其中 N 是数字）。单击标题栏左端控制菜单图标，将打开一菜单，其菜单项用于控制窗口大小、文件关闭等操作，也可以单击标题栏右端的按钮，最小化、最大化或关闭应用程序窗口。

2. 菜单栏

AutoCAD 2008 菜单栏位于标题栏的下面，默认菜单栏共有 11 个菜单项，每个主菜单下又包含数目不同的子菜单，有些子菜单还包含下一级菜单。下拉菜单包括了 AutoCAD 的绝大多数命令，用户可以运用菜单中的命令进行绘图，如图 1-4所示。

【文件】：此菜单用于管理图形文件，如【新建】、【打开】、【保存】、【打印】、【输入】和【输出】等。

【编辑】：此菜单用于文件常规编辑，如【复制】、【剪切】、【粘贴】和【链接】等。

【视图】：此菜单用于管理 CAD 的操作界面，如【图形缩放】、【图形平移】、【鸟瞰视图】、【全屏显示】、【着色】以及【渲染】等操作，用户还可以通过此菜单设置工具栏菜单。

【插入】：此菜单主要用于在当前 CAD 绘图状态

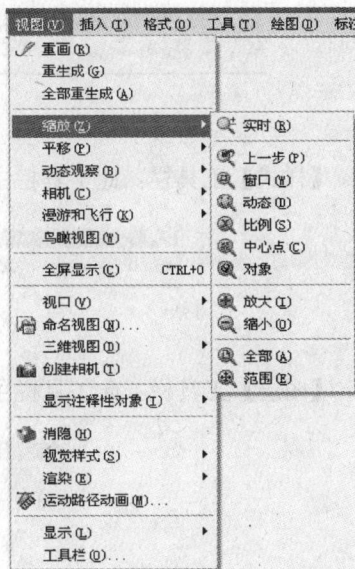

图 1-4　AutoCAD 2008 下拉菜单

下插入所需的图块或者其他格式的文件。

【格式】：此菜单用于设置与绘图环境有关的参数，包括【图层】、【颜色】、【线型】、【文字样式】、【标注样式】、【点样式】等。

【工具】：此菜单为用户设置了一些辅助绘图工具，如【拼写检查】、【快速选择】和【查询】等。

【绘图】：此菜单中包含了用户绘制二维和三维图形时所需的命令，是一个非常重要的菜单。

【标注】：此菜单用于对所绘制的图形进行尺寸标注。

【修改】：此菜单用于对所绘制的图形进行编辑。

【窗口】：此菜单用于在多文档状态时，进行各文档的屏幕设置。

【帮助】：此菜单用于提供用户在使用 AutoCAD 2008 时所需的帮助信息。

3. 工具栏

工具栏是 AutoCAD 为用户提供的又一种调用命令的方式。单击工具栏图标按钮，即可执行该图标按钮对应的命令。如果将鼠标移至工具栏图标按钮上停留片刻，则会显示该图标按钮对应的命令名，同时，在状态行中将显示该工具栏图标按钮的功能说明和相应的命令名。【AutoCAD 经典】工作空间默认显示的工具栏有【标准】、【样式】、【工作空间】、【图层】、【特性】、【绘图】、【修改】和【绘图次序】，共 8 个，其他工具栏在默认设置中是关闭的。将鼠标指针移动到工作界面工具栏的任何按钮上，单击鼠标右键，可拖出关闭的工具栏。将鼠标指针放置在工具栏边缘处，当其变成双向箭头时，按住鼠标左键拖动，工具栏形状会发生变化。

【标准】工具栏：此工具栏主要用于进行文件编辑中一般的操作，如图 1-5 所示。

图 1-5　【标准】工具栏

【样式】工具栏：此工具栏主要分文字样式和标注样式等多种样式，如图 1-6 所示。

图 1-6　【样式】工具栏

【图层】工具栏：此工具栏主要用于将图层对象分层管理，如图 1-7 所示。

图 1-7　【图层】工具栏

【特性】工具栏：此工具栏主要用于图层管理，如图 1-8 所示。

图 1-8 【特性】工具栏

【绘图】和【修改】工具栏集中了各种常用的绘图命令和修改命令，如图 1-9 所示。

图 1-9 【绘图】及【修改】工具栏

4. 绘图窗口

绘图窗口也叫工作区，是界面中间的空白区域。在默认情况下，绘图区背景颜色是黑色，用户在这里绘制和编辑图形。绘图区实际上是无限大的，用户可以通过缩放、平移等命令来观察绘图区中的图形。

绘图窗口还包含十字光标与【模型】/【布局】选项卡。

十字光标是位于绘图区域的十字形光标，当鼠标移动时该光标也相应地移动，其作用是显示当前定点设备（例如鼠标）在绘图区域中的位置。十字光标由定点设备（一般为鼠标，也可以是数字化仪器或其他设备）来控制。

【模型】/【布局】选项卡用于在模型（图形）空间和图纸（布局）空间中进行切换。一般情况下，特别是在进行三维设计时，先在模型空间进行设计，然后创建布局以绘制和打印图纸空间中的图形。

5. 命令行窗口

命令行窗口位于绘图区的下方，是 AutoCAD 进行人机对话、输入命令和显示相关信息与提示的区域。命令行窗口也是浮动的，用户可如同改变 Windows 窗口那样来改变命令行窗口的大小，也可以拖动到屏幕的其他位置，如图 1-10 所示。

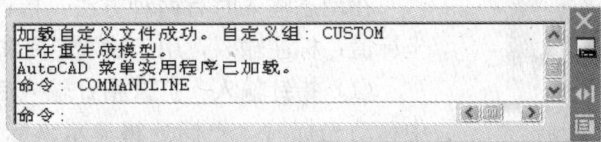

图 1-10 命令行窗口

命令行窗口还可以被隐藏，用户可以单击下拉菜单【工具】/【命令行】，弹出【隐藏命令行窗口】，单击【是】按钮，命令行窗口即被隐藏。

6. 状态栏

状态栏位于屏幕的最底端，其左侧显示当前光标在绘图区位置的坐标值，如果光标停留在工具栏或菜单上，则显示对应命令和功能说明。从左到右依次排列着 10 个开关按钮，分别对应相关的辅助绘图工具，即【捕捉】、【栅格】、【正交】、【极轴】、【对象捕捉】、【对象追踪】、DUCS、DYN、【线宽】和【模型/图纸】，如图 1-11 所示。

图 1-11　状态栏

7. 工具选项板窗口

当选用工具选项板窗口选项时，在屏幕上会显示工具选项板窗口。系统提供的【工具选项板-所有选项板】窗口形式，如图 1-12 所示。

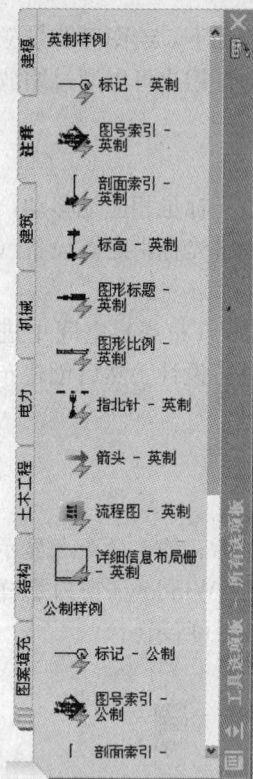

图 1-12　工具选项板

8. 动态输入

执行命令时，AutoCAD 2008 支持命令的【动态输入】。【动态输入】设置可使用户在鼠标点处快速启动命令、读取提示和输入值。

光标旁边显示的工具栏提示信息将随着光标的移动而动态更新，用户可在创建和编辑几何图形时动态查看标注值，如长度和角度。通过 Tab 键可在它们之间转换，当某个命令处于活动状态时，可以在工具栏提示中输入值，如图 1-13 所示。因此，可以在工具栏提示而不是命令行中输入命令以及对提示做出响应。如果提示包含多个选项，可按键盘上的箭头查看这些选项，然后单击选择一个选项。

可以通过单击状态栏中的 DYN 来打开或关闭动态输入，也可用 F12 键控制它的开启，使用【草图设置】对话框，可以自定义动态输入，如图 1-14 所示。

在动态输入时有两种方法：指针输入，用于输入坐标值；标注输入，用于输入距离和角度。

（1）指针输入：打开指针输入后，当在绘图区域中移动光标时，光标处将显示坐标值，如图 1-15 所示。按 Tab 键移动到要输入的工具栏提示框，然后输入数值。在指定点时，第一个坐标是绝对坐标，第二个或下一个点的格式是相对极坐标。如果需要输入绝对值，在值前加入前缀♯号。

（2）标注输入：打开【标注输入】后，坐标输入字段会与正在创建或编辑的几何图形上的标注绑定，工具栏提示中的值将随着光标的移动而改变，如图 1-16 所示。按 Tab 键移动到要输入的工具栏提示框，然后输入数值。

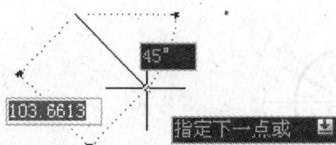

图 1-13 命令的动态输入

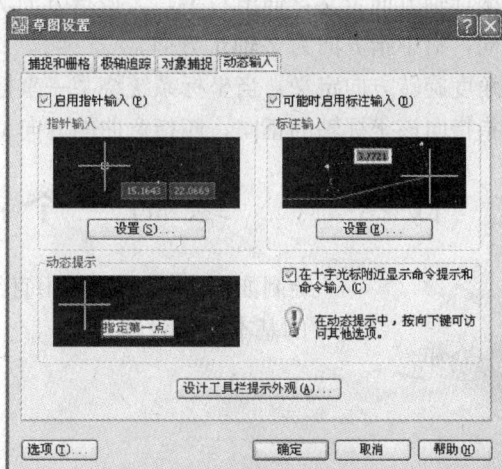

图 1-14 【草图设置】对话框中【动态输入】选项卡

图 1-15 指针输入

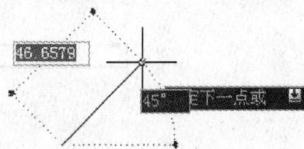

图 1-16 标注输入

三、AutoCAD 坐标系统

AutoCAD 系统在确定某点位置时使用坐标系统。AutoCAD 系统提供了以下两种坐标系统。

1. 笛卡儿坐标系

AutoCAD 系统是采用笛卡儿坐标系来确定点的位置的，用 X、Y、Z 表示 3 个坐标轴，坐标原点（0，0，0）位于绘图区的左下角，X 轴的正向为水平向右，Y 轴的正向为垂直向上，Z 轴的正向为垂直屏幕指向外侧。用（X，Y，Z）坐标表示一个空间点，在二维平面作图时，用（X，Y）坐标表示一个平面点。

AutoCAD 系统中的世界坐标系（World Coordinate System，WCS）与笛卡儿坐标系是相同的，它是恒定不变的，一般称为通用坐标系。

2. 用户坐标系

用户在通用坐标系中，按照需要所定义的任意坐标系统，称为用户坐标系（User Coordinate System，UCS）。这种坐标系在通用坐标系统内任意一点上，可以以任意角度旋转或倾斜其坐标轴。该坐标系坐标轴符合右手定则，在三维图形中应用十分广泛。

3. 坐标系右手定则

AutoCAD 坐标系统的坐标轴方向和旋转角度方向是用右手定则来定义的，规定如下。

坐标轴方向定义：伸出右手，大拇指方向为 X 轴的正方向，沿食指方向为 Y 轴的正方向，沿中指方向为 Z 轴正方向。

角度旋转方向定义：当坐标系统绕某一坐标轴旋转时，用右手"握住"旋转轴且使大拇指指向该坐标轴的正向，四指弯曲的方向就是绕坐标旋转的正旋转角方向。

任务一　绘制一个简单的平面图形

任务分析

绘制如图 1-17 所示的由直线及圆构成的简单图形，学习 AutoCAD 2008 的基本操作过程。

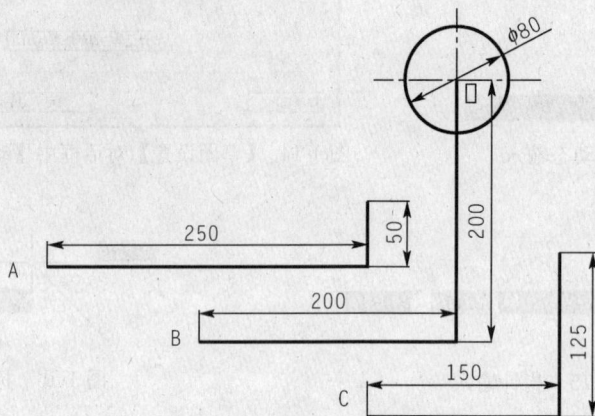

图 1-17　直线及圆构成的简单图形

图形特点：由 6 条线段及 1 个圆所构成。

要点提示：新建图形文件，设定绘图区域，启动直线及圆命令，绘制直线及圆，保存图形文件。

使用命令：新建图形、图形界限、直线、圆、全部缩放。

一、操作流程图

任务实施

操作流程如图 1-18 所示。

创建图形文件 → 设定图形区域 → 启动绘图命令 → 绘制图形 → 保存图形文件

图 1-18　流程图

二、操作步骤

1. 创建图形文件

在具体的设计工作中，许多项目都需要设定为相同标准，如字体、标准样式、图层、标题栏等。保证所有文件具有相同标准的有效方法是使用样板文件，在样板文件中包含了各种标准设置，当建立新图时，就以样板为原型进行创建，这样新图就具有与样板图相同的设置。

（1）单击【标准】工具栏中的 按钮，弹出如图 1-19 所示的【选择样板】对话框。

图 1-19 【选择样板】对话框

（2）在 AutoCAD 给出的样板文件名称列表框中，选择系统默认的样板文件。

注 意

本书中的实例，如果没有特别说明，即选择 "acadiso.dwg" 样本文件。

（3）单击 打开⑩ 按钮。

保证图形具有相同标准的另一种方法：打开一个文件，然后将该文件另存为新文件。

2. 设定图形区域范围为 500×500

AutoCAD 的绘图空间无限大，但用户可以设定在程序窗口中显示出的绘图区域的大小。绘图时，事先对绘图区域的大小进行设定将有助于用户了解图形分布的范围。

（1）单击菜单【格式】/【图形界限】，AutoCAD 行提示如下。

命令：' _ limits
重新设置模型空间界限：
指定左下角点或[开(ON)/关(OFF)]<0.0000,0.0000>:   //单击任意一点
指定右上角点 <420.0000,297.0000>: @500,500

                    //输入相对第一点的坐标值,按 Enter 键结束

【图形界限】命令选项说明：

开 (ON)：打开界限检查。当界限检查打开时，AutoCAD 将会拒绝输入图形界限外部的点。因为界限检查只检测输出点，所以对象（例如圆）的某些部分可能会延伸出界限。

关 (OFF)：关闭界限检查，所绘图形不受绘图范围的限制。

（2）单击 栅格 按钮，打开栅格显示。

（3）单击菜单【视图】/【缩放】/【范围】，使矩形栅格充满整个窗口。

3. 启动绘图命令

启动绘图命令的方式较多，常用的有以下 3 种。

（1）键盘输入法。

（2）菜单输入法。

（3）工具栏输入法。

工具栏输入法比较直观明了，是本书的主要命令输入方式。

4. 绘制图形

绘制图形如图 1-17 所示。

（1）单击【绘图】工具栏中的 ∕ 按钮，启动直线命令，系统提示：

命令：_line 指定第一点：	//在栅格区域里的适当位置单击点 A
指定下一点或[放弃(U)]：250	//向右移动光标,输入线段长度
指定下一点或[放弃(U)]：50	//向上移动光标,输入线段长度
指定下一点或[闭合(C)/放弃(U)]：	//按 Enter 键结束
命令：	//按 Enter 键重复直线命令
命令：_line 指定第一点：	//单击一个 B 点(位置自定)
指定下一点或[放弃(U)]：200	//向右移动光标,输入线段长度
指定下一点或[放弃(U)]：200	//向上移动光标,输入线段长度
指定下一点或[闭合(C)/放弃(U)]：	//按 Enter 键结束
命令：	//按 Enter 键重复直线命令
命令：_line 指定第一点：	//单击一 C 点(位置自定)
指定下一点或[放弃(U)]：150	//向右移动光标,输入线段长度
指定下一点或[放弃(U)]：125	//向上移动光标,输入线段长度
指定下一点或[闭合(C)/放弃(U)]：	//按 Enter 键结束

（2）单击【绘图】工具栏中的 ⊙ 按钮，启动圆命令，系统提示：

命令：_circle 指定圆的圆心或[三点(3P)/两点(2P)/相切、相切、半径(T)]：//单击 D 点

指定圆的半径或[直径(D)]：40　　　　　　　　　　　　//输入半径数值

5. 保存图形文件

单击【标准】工具栏中的 💾 按钮，弹出如图 1-20 所示的【图形另存为】对话框。在【保存于】下拉列表框中选出文件路径，在【文件名】文本框内输入图形文件的名称"练习.dwg"，单击【保存】按钮，完成文件的保存。

　　绘图过程中，应每隔 10～15 分钟保存一次绘制的图形，以防止断电等突发情况而丢失文件内容。

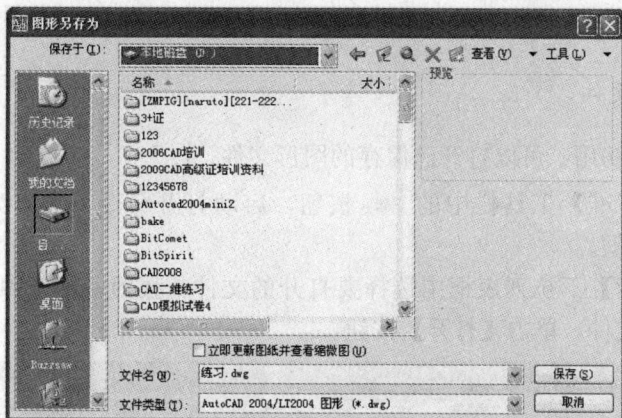

图 1-20 【图形另存为】对话框

任务二 编辑简单图形

把如图 1-21（a）所示的图形编辑成为如图 1-21（b）所示的图形，学习打开文件等命令的操作，继续学习 AutoCAD 2008 的基本操作。

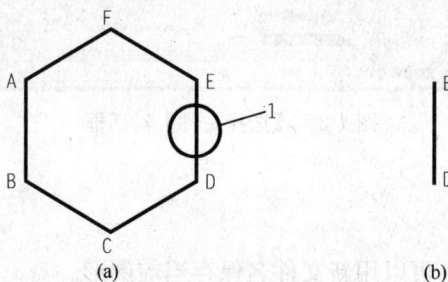

图 1-21 编辑图形

编辑内容：删除圆、五条边及字母。

要点提示：打开教师备用文件中图 1-21（a），编辑图形，取消已执行的操作，缩放及移动图形。

使用命令：打开、另存为、删除、放弃、重做、实时缩放、实时移动。

一、操作流程图

操作流程如图 1-22 所示。

图 1-22 流程图

二、操作步骤

1. 打开图形文件

【打开】命令功用：可以打开已保存的图形文件。

（1）单击【标准】工具栏中的 按钮，启动打开命令，弹出如图 1-23 所示的【选择文件】对话框。

（2）在【搜索】下拉列表框中选择要打开的文件：教师备用 1-21（a），双击该文件，或者选中该文件，单击【打开】按钮。

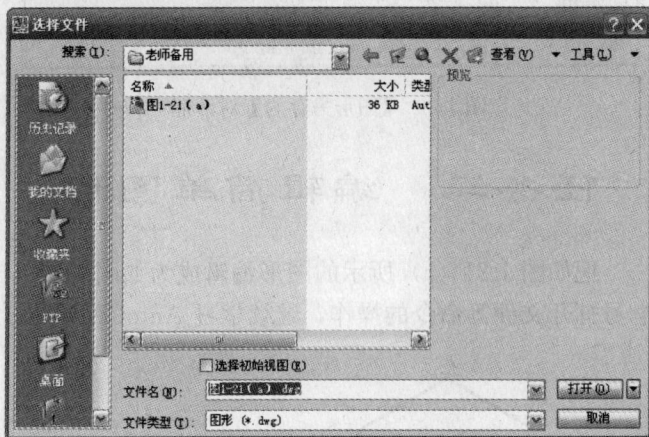

图 1-23 【选择文件】对话框

2. 另存图形文件

【另存为】命令功用：可以用新文件名保存当前图形。

（1）单击菜单【文件】/【另存为】，启动另存为命令，弹出【图形另存为】对话框。

（2）在【保存于】下拉列表框中选出文件路径，在【文件名】文本框里填写新的文件名："练习一"，单击【保存】按钮。

3. 编辑图形

了解选择对象的简单方法。

单击【修改】工具栏中的 按钮，启动删除命令，系统提示：

命令：_ erase
选择对象：找到 1 个　　　　　//分别单击圆、引线及数字"1"，用"单击对象"方法选择对象
选择对象：　　　　　　　　　//按 Enter 键结束，结果如图1-24所示
命令：　　　　　　　　　　 // 按 Enter 键重复删除命令
ERASE
选择对象：指定对角点：找到 9 个

//单击M点,拖动鼠标往左上方移动至N点,用"窗交方式"选择窗口内及与窗口相交的对象,
　如图1-25所示;单击N点,结果如图1-21(b)所示.

选择对象:　　　　　　　　　//按Enter键结束

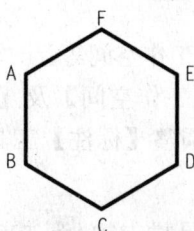

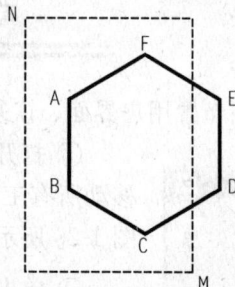

| 图1-24　编辑图形 | 图1-25　窗交方式选择对象 |

4. 放弃及重做图形

单击【标准】工具栏中的 按钮,启动放弃命令,被删除的5条线及4个字母恢复出来,再单击一次,被删除的圆、引线及数字"1"也恢复出来。

单击【标准】工具栏中的 按钮,启动重做命令,被恢复的圆消失,再单击一次,被恢复的5条边及4个字母也消失。

5. 实时移动及实时缩放图形

单击【标准】工具栏中的 按钮,启动实时缩放命令,按住鼠标左键向上移动,放大图形,反之缩小图形。

单击【标准】工具栏中的 按钮,启动实时移动命令,按住鼠标可把图形向任何方向移动。

项目小结

总结本项目主要内容如下。

(1) AutoCAD工作界面主要由标题栏、菜单栏、工具栏、绘图窗口、坐标系、【面板】选项板、状态栏、文本窗口与命令行、【模型】选项卡和【布局】选项卡等部分组成。其中功能区及工具栏中包含了许多命令按钮,单击按钮启动命令。

(2) AutoCAD的绘图空间是无限大的,但用户可以设定在程序窗口中显示出的绘图区域大小。

(3) 调用AutoCAD命令的方法。可在命令行中输入命令全称或简称,也可用鼠标选择一个菜单项或单击工具栏中的命令按钮。

(4) 按Enter键重复命令,按Esc键终止命令,单击 按钮取消已执行的操作。

(5) 选择对象的常用方法。利用光标逐个选取对象,或是通过交叉窗口一次选取多个对象。

（6）绘图时，可以用【标准】工具栏中的 按钮缩放图形，用 按钮平移图形，也可以单击鼠标右键，通过【平移】、【缩放】选项完成此类任务。

动手练习

（1）练习重新布置用户界面、恢复用户界面及切换工作空间等。

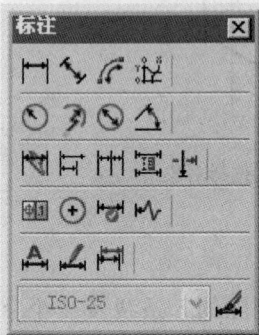

① 打开【对象捕捉】、【工作空间】及【标注】工具栏，移动所有工具栏的位置，并调整【标注】工具栏的形状，如图 1-26 所示。

② 单击【工作空间】工具栏中的 按钮，选择【二维草图与注释】选项，用户界面恢复成原始布置。

③ 单击【工作空间】工具栏中的 按钮，选择【AutoCAD 经典】选项，切换至【AutoCAD 经典】工作空间。

图 1-26 【标注】工具栏

（2）练习创建及保存图形文件，熟悉 AutoCAD 命令执行过程及快速查看图形等。

① 利用 AutoCAD 提供的样板文件"acadiso. dwtt"创建新文件。

进入【AutoCAD 经典】工作空间，用【图形界限】命令设定绘图区域的大小为 1000×1000。单击状态栏上的 按钮，再单击菜单【视图】/【缩放】/【范围】，使栅格充满整个图形窗口显示出来。

② 单击【绘图】面板中的 按钮，绘制任意几条线段。

③ 单击【标准】工具栏中的 按钮来移动图形。

④ 单击【标准】工具栏中的 按钮来缩放图形。

⑤ 以文件名"Use. dwg"保存图形。

项目二

绘制及编辑直线平面图形

本项目以 AutoCAD 2008 版作为工作平台，通过两个实训范例，介绍点、直线、构造线、偏移、打断、修剪及延伸等命令的操作方法；介绍对象捕捉、极轴追踪及对象追踪的操作方法；介绍各种直线的绘制方法和技巧，使学员掌握绘制及编辑直线平面图形的方法。本项目设有两个任务，推荐课时为 4 课时。

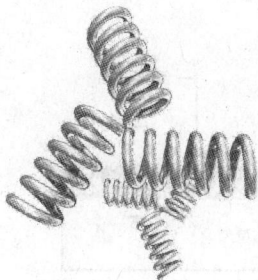

知识目标

(1) 输入线段端点的坐标绘制线段。

(2) 使用极轴追踪、对象捕捉及自动追踪功能绘制线段。

(3) 绘制水平线、垂直线及任意角度斜线。

(4) 绘制平行线。

(5) 延伸线段及打断线段。

(6) 绘制点。

能力目标

(1) 掌握点的常用坐标形式。

(2) 掌握绘图命令直线、构造线及点的操作方法。

(3) 掌握修改命令偏移、打断、修剪、延伸的操作方法。

(4) 掌握对象捕捉、极轴追踪及对象追踪的操作方法。

(5) 熟练掌握直线平面图的绘制方法。

知 识 链 接

一、平面模型绘制及编辑主要命令工具栏

绘制及编辑二维平面图形有两个主要命令工具栏，如图 2-1 与图 2-2 所示。本书根据各个项目的任务，逐步介绍这些命令的功用及操作方法。

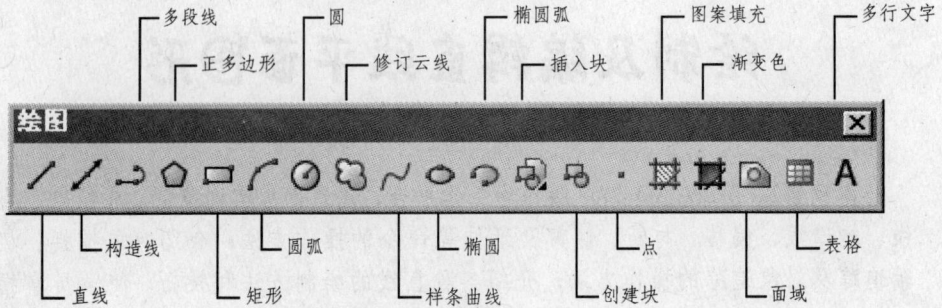

图 2-1 【绘图】工具栏

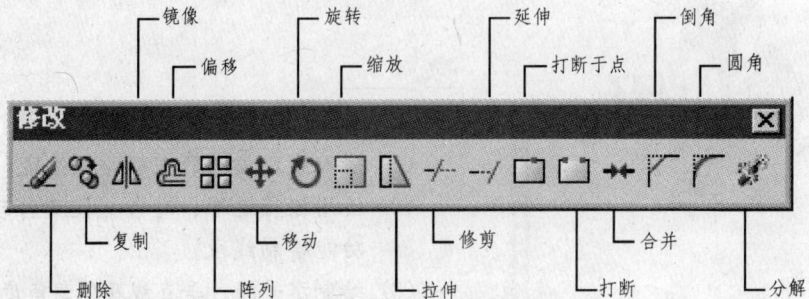

图 2-2 【修改】工具栏

二、对象捕捉

启动对象捕捉功能，进行相关的设置，AutoCAD 可以自动捕捉用户所需要的点，辅助快速精确绘制图形。【对象捕捉】工具栏中包含了各种对象捕捉工具，如图 2-3 所示。

1. 对象捕捉的功用

临时追踪点：偏移捕捉。先指定基点，再输入相对距离确定新点。
捕捉自：正交偏移捕捉。先指定基点，再输入相对坐标确定新点。
捕捉端点：捕捉直线或曲线的端点。
捕捉中点：捕捉直线或弧线的中点。
捕捉交点：捕捉两条直线或弧段的交点。
捕捉外观交点：在三维视图中，从某个角度观察两个对象可能相交，但实际并不一

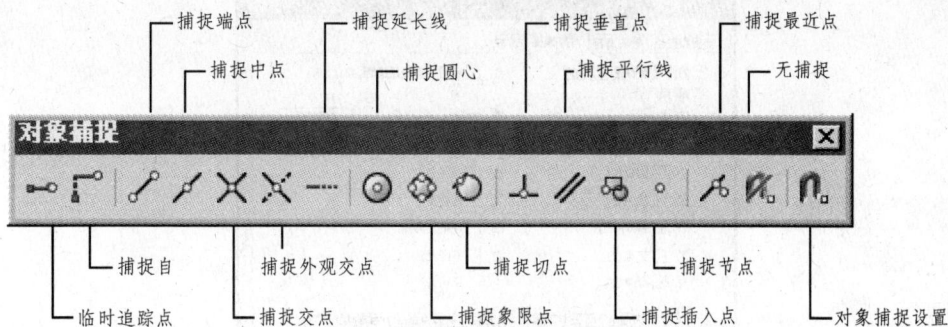

图 2-3　【对象捕捉】工具栏

定相交，可以使用"外观交点"捕捉对象在外观上相交的点。

捕捉延长线：从线段端点开始沿线段方向捕捉一点。

捕捉圆心：捕捉圆、圆弧、椭圆、椭圆弧的中心。

捕捉象限点：捕捉圆、椭圆的 0°、90°、180°或者 270°处的点——象限点。

捕捉切点：捕捉圆、弧线及其他曲线的切点。

捕捉垂直点：捕捉从已知点到已知直线的垂线的垂足。

捕捉平行线：先指定线段起点，再选用平行捕捉绘制平行线。

捕捉插入点：捕捉图块、标注对象或者外部参照的插入点。

捕捉节点：捕捉用"点"命令绘制的点对象。

捕捉最近点：捕捉处在直线、弧线、椭圆或样条曲线上，而且距离光标最近的特征点。

无捕捉：不进行对象捕捉。

对象捕捉设置：对象捕捉的设置对话框。

2. 启用对象捕捉功能的方法

（1）单击工具栏图标按钮法。绘图过程中，当 AutoCAD 提出输入一个点时，用户可单击【对象捕捉】工具栏中的图标按钮来启动对象捕捉，然后将光标移动至要捕捉的特征点附近，AutoCAD 就自动捕捉该点。

（2）启动快捷菜单法。发出 AutoCAD 命令后，按住 Shift 键并单击鼠标右键，弹出快捷菜单，通过此菜单，用户可以选择捕捉任何类型的点。

（3）单击状态栏上的 对象捕捉 的按钮，启用自动捕捉法。单击【对象捕捉】工具栏上的 按钮，弹出【设置草图】对话框，在该对话框的【对象捕捉】选项卡中设置自动捕捉的模式点，如图 2-4 所示。

前两种捕捉方式仅对当前操作有效，命令结束后，捕捉模式自动关闭，这种方式称为覆盖捕捉方式。第三种自动捕捉法则是持续操作有效。

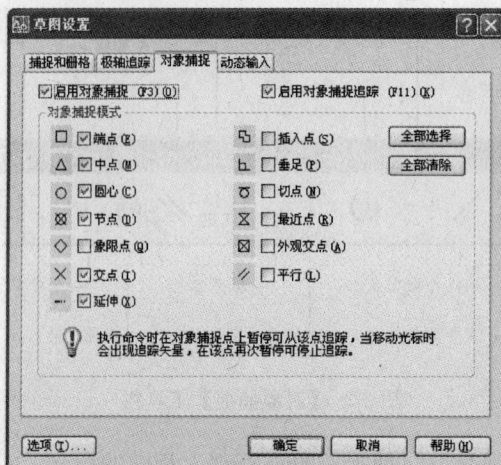

图 2-4 【草图设置】对话框

三、极轴追踪和对象追踪

1. 极轴追踪

单击状态栏中的 极轴 按钮，启用极轴追踪。用户启动命令后，光标就会沿着用户设定的极轴方向移动，AutoCAD 在该方向上显示一条追踪辅助线及光标点的极坐标值，如图 2-5 所示。

启动【直线】命令，光标沿用户设定的极轴角度方向移动，输入长度值，按 Enter 键，就绘制出任意倾斜角度的线段。

2. 对象追踪

单击状态栏中的 对象追踪 按钮，启用对象追踪。对象追踪是指 AutoCAD 从一点开始沿着另一对象方向进行追踪，追踪方向上将显示一条追踪辅助线及光标点的坐标值，输入追踪距离，按 Enter 键，就确定新的点。在使用对象追踪功能时，同时必须打开对象捕捉，如图 2-6 所示。

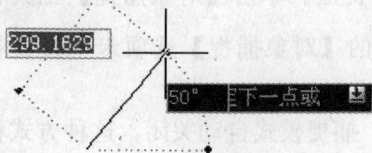

图 2-5 极轴追踪

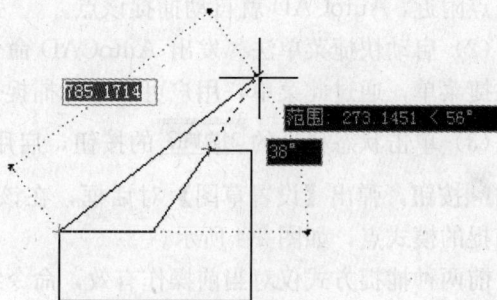

图 2-6 对象追踪

四、正交模式

单击状态栏中的 正交 按钮，启用正交模式。在正交模式下，光标只能沿水平或垂直方向移动。画线时，若打开此模式，则只需要输入线段的长度值，AutoCAD 就自动画出水平或垂直线段。

五、认识相关命令

1. 命令的执行方式

命令的常用执行方式有 3 种，如表 2-1 所示。本书侧重使用单击工具栏图标的命令执行方式，这种方式直观简便。

表 2-1 命令常用的 3 种执行方式

执行方式	命 令						
	直线	构造线	偏移	打断	延伸	删除	点
命令行	LINE	XLINE	OFFSET	BREAK	EXTEND	ERASE	POINT
菜单栏	绘图/直线	绘图/构造线	修改/偏移	修改/打断	修改/延伸	修改/删除	绘图/点
工具栏	绘图/	绘图/	修改/	修改/	修改/	修改/	绘图/

2. 命令的功用

直线——可在二维或三维中创建线段。发出命令后，用户通过鼠标指定线的端点或利用键盘输入端点坐标，AutoCAD 就将这些点连接成线段。

构造线——可以画无限长的水平方向、垂直方向及倾斜方向的构造线。作图过程中采用此命令画定位线或绘图辅助线是很方便的。

偏移——可以将对象偏移指定的距离，创建一个与原对象类似的新对象。

打断——可以在指定的一点或两点打断对象，删除对象的一部分。

延伸——在指定边界后，可连续选择延伸对象，延伸到与指定边界相交。

删除——删除对象。

点——用于绘制点。

任务一 绘制及编辑直线图形——小凳子

任务分析

绘制如图 2-7 所示小凳子的直线平面图，学习输入点坐标、极轴追踪及自动追踪的直线绘制方法。

图形特点：由水平线、垂直线、斜线所构成。

要点提示：绘制出几组水平线、垂直线及倾斜线，完成小凳子的平面绘图。

使用命令：直线。

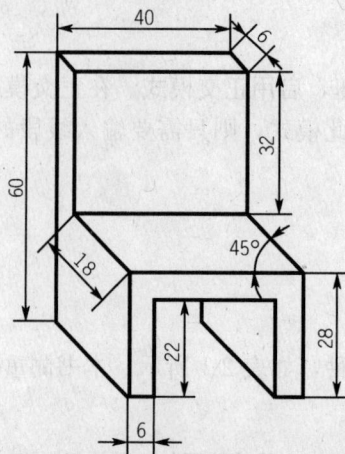

图 2-7　小凳子直线平面图

任务目标

（1）掌握输入点的相对直角坐标绘制直线的方法。
（2）掌握输入点的相对极坐标绘制直线的方法。
（3）掌握点的捕捉方法。
（4）掌握结合对象捕捉、极轴追踪及自动追踪绘制直线的方法。

任务实施

一、操作流程图

操作流程如图 2-8 所示。

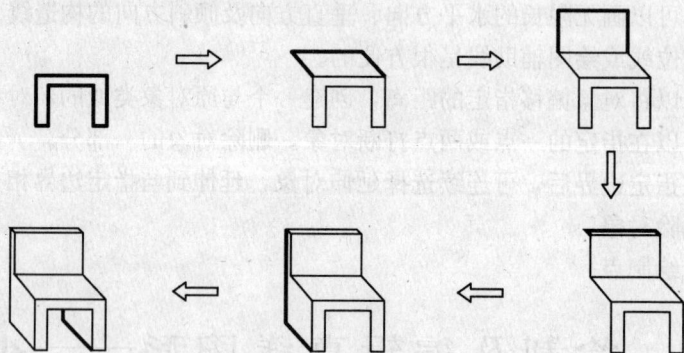

图 2-8　流程图

二、操作步骤

（1）启动 AutoCAD 2008，新建一个 AutoCAD 文件。

线是由点连接而成的，输入点坐标进行线的绘制，是一种常用的绘制线段的方法。

常用点的坐标形式如下。

1. 绝对或相对直角坐标

绝对直角坐标：格式为"x，y"。如：A 点"20，0"；B 点"20，8"；C 点"30，8"，如图 2-9 所示。

相对直角坐标：格式为"@x，y"。如：B 点相对 A 点"@0，8"；C 点相对 B 点"@10，0"；C 点相对 A 点"@10，8"，如图 2-9 所示。

2. 绝对或相对极坐标

绝对极轴坐标：格式为"R<α"。如：H 点"32<65°"，如图 2-9 所示。

相对极轴坐标：格式为"@R<α"。如 F 点相对 E 点"@12<48°"，如图 2-9 所示。

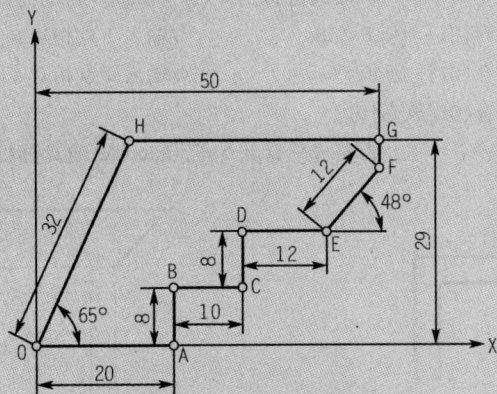

图 2-9　点的坐标

（2）用输入相对直角坐标点的方法绘制线段，如图 2-10 所示。

单击【绘图】工具栏中的 ✏ 按钮，执行【直线】命令，系统提示：

```
命令：_line 指定第一点：                        //鼠标左键单击任意选定的 A 点
指定下一点或[放弃(U)]：@6,0                      //输入 B 点相对 A 点的直角坐标
指定下一点或[放弃(U)]：@0,22                     //输入 C 点相对 B 点的直角坐标
指定下一点或[闭合(C)/放弃(U)]：@28,0             //输入 D 点相对 C 点的直角坐标
指定下一点或[闭合(C)/放弃(U)]：@0,-22            //输入 E 点相对 D 点的直角坐标
指定下一点或[闭合(C)/放弃(U)]：@6,0              //输入 F 点相对 E 点的直角坐标
指定下一点或[闭合(C)/放弃(U)]：@0,28             //输入 G 点相对 F 点的直角坐标
指定下一点或[闭合(C)/放弃(U)]：@-40,0            //输入 H 点相对 G 点的直角坐标
指定下一点或[闭合(C)/放弃(U)]：C                 //选择"闭合"选项
```

【直线】命令选项说明：

指定第一点：指定线段起始点；若按 Enter 键，则以上一次所画线段或圆弧的终点作为新线段的起始点。

指定下一点：输入线段的端点；若按 Enter 键，则命令结束。

放弃（U）：在命令提示下输入字母 U，将删除上一条线段，纠正绘图过程中的错误，可连续输入字母 U，进行连续删除。

闭合（C）：在命令的提示下输入字母 C，将使连续折线自动封闭。

（3）输入点的相对极轴坐标，结合对象捕捉，绘制直线，如图 2-11 所示。

打开对象捕捉、极轴追踪及对象追踪，设置自动捕捉模式点为"端点"和"交点"。

命令：   //按 Enter 键重复直线命令
命令：_line 指定第一点：

　　　　　　　　//将光标移到 H 点，AutoCAD 自动捕捉该点，单击鼠标左键确认
指定下一点或[放弃(U)]：@18<135   //输入 I 点相对 H 点的极坐标
指定下一点或[放弃(U)]：@40<0   //输入 J 点相对 I 点的极坐标
指定下一点或[闭合(C)/放弃(U)]：

　　　　　　　　//将光标移到 G 点，AutoCAD 自动捕捉该点，单击鼠标左键确认

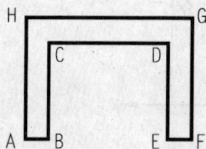

图 2-10　绘制水平线及垂直线　　　　图 2-11　绘制水平线及倾斜线

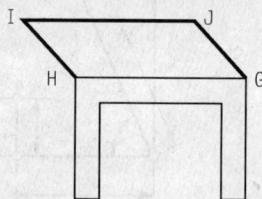

（4）结合对象捕捉、极轴追踪绘制水平及垂直线，如图 2-12 所示。

命令：   //按 Enter 键重复直线命令
命令：_line 指定第一点：

　　　　　　　　//将光标移到 J 点，AutoCAD 自动捕捉该点，单击鼠标左键确认
指定下一点或[放弃(U)]：32   //从 J 点向上垂直点 K 追踪，并输入追踪距离
指定下一点或[放弃(U)]：40   //从 K 点向左水平点 L 追踪，并输入追踪距离
指定下一点或[闭合(C)/放弃(U)]：

　　　　　　　　//将光标移到 I 点，AutoCAD 自动捕捉该点，单击鼠标左键确认

（5）结合对象捕捉、极轴追踪绘制水平及倾斜线，如图 2-13 所示。

命令：   //按 Enter 键重复直线命令
命令：_line 指定第一点：   //将光标移到 L 点，系统自动捕捉该点，单击鼠标左键确认
指定下一点或[放弃(U)]：6   //从 K 点沿135°方向追踪 M 点并输入距离
指定下一点或[放弃(U)]：40   //从 M 点向左追踪 N 点，并输入追踪距离
指定下一点或[闭合(C)/放弃(U)]：

　　　　　　　　//将光标移到 L 点，系统自动捕捉该点，单击鼠标左键确认

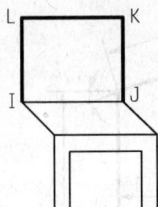

图 2-12 绘制水平线及垂直线　　　　图 2-13 绘制水平线及倾斜线

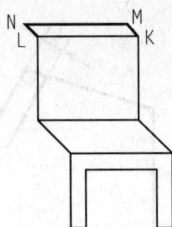

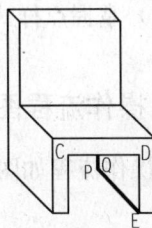

(6) 绘制 NO、OA 线段，如图 2-14 所示。

命令：　　　　　　　　　　　//按 Enter 键重复直线命令
命令：_line 指定第一点：　　　//将光标移到 N 点，系统自动捕捉该点，单击鼠标左键确认
指定下一点或[放弃(U)]：60　　//从 N 点向 O 点追踪，并输入追踪距离
指定下一点或[闭合(C)/放弃(U)]：//将光标移到 A 点，系统自动捕捉该点，单击鼠标左键确认

(7) 绘制 EP、PQ 线段，如图 2-15 所示。

命令：　　　　　　　　　　　　　//按 Enter 键重复直线命令
命令：_line 指定第一点：
　　　　　　　　//将光标移到 E 点，AutoCAD 自动捕捉该点，单击鼠标左键确认
指定下一点或[放弃(U)]：24　　//从 E 点沿135°方向追踪 P 点，并输入追踪距离
指定下一点或[闭合(C)/放弃(U)]：
　　　　　　//从 P 点向上追踪，AutoCAD 自动捕捉与 CD 线的交点 Q，单击鼠标左键确认

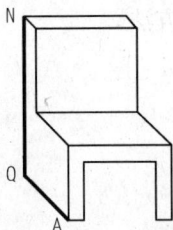

图 2-14 绘制水平线及倾斜线　　　　图 2-15 绘制水平线及倾斜线

任务二　绘制及编辑直线图形——小童衫

绘制如图 2-16 所示小童衫的平面图形，学习构造线、点、偏移、打断及延伸等命令的操作方法。

图形特点： 由水平线、垂直线、斜线所构成，衫领由 3 组平行线构成，纽扣由特殊样式点构成。

要点提示： 根据小童衫的特点，绘制出几组水平线、垂直线、倾斜线及平行线，并对线段进行打断及延伸等修改编辑工作，绘制样式点，完成小童衫的平面图绘制。

使用命令： 点、直线、构造线、偏移、打断、延伸。

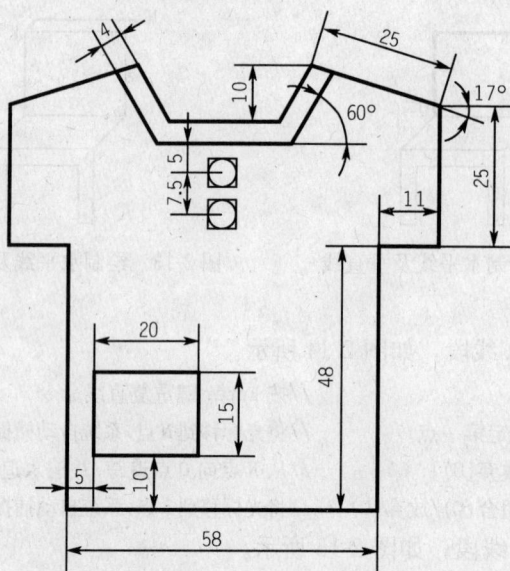

图 2-16   小童衫直线平面图

任务目标

(1) 掌握用构造线绘制任何方向的直线的方法。
(2) 掌握用偏移命令绘制平行线的方法。
(3) 掌握用打断命令打断直线的方法。
(4) 掌握直线延伸的方法。
(5) 掌握点样式的设置及点的绘制方法。

一、操作流程图

任务实施

操作流程如图 2-17 所示。

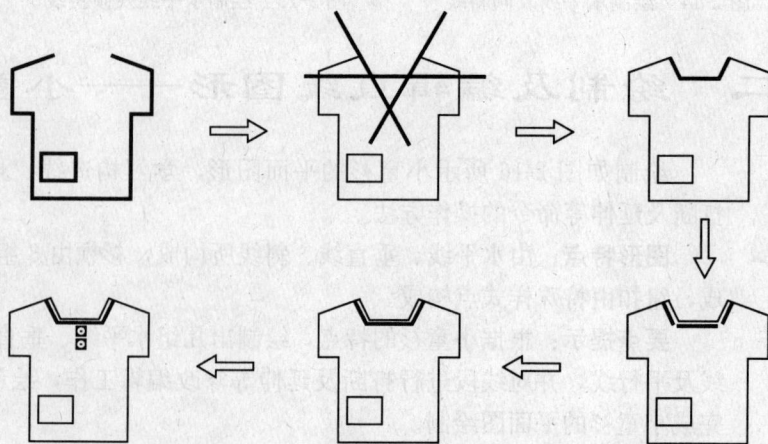

图 2-17   流程图

二、操作步骤

（1）启动直线命令，绘制童衫轮廓。

按任务一的方法，用输入点坐标、极轴追踪及自动追踪的直线绘制方法，按 A 至 J 的顺序绘制童衫的外轮廓线，如图 2-18 所示。

（2）绘制童衫小口袋，如图 2-18 所示。

单击【绘图】工具栏中的 ✏ 按钮，启动【直线】命令，系统提示：

命令：_line 指定第一点：_from 基点：＜偏移＞：@5,10

//单击【对象捕捉】工具栏的 按钮，单击基点 E，输入 K 点相对 E 点的直角坐标值

指定下一点或[放弃(U)]：20
指定下一点或[放弃(U)]：15
指定下一点或[闭合(C)/放弃(U)]：20
指定下一点或[闭合(C)/放弃(U)]：c

（3）用构造线命令绘制 AP、JO、PO 直线，如图 2-19 所示。

单击【绘图】工具栏中的 ✏ 按钮，启动构造线命令，系统提示：

命令：_xline 指定点或[水平(H)/垂直(V)/角度(A)/二等分(B)/偏移(O)]：H

//选择"水平"选项

指定通过点：_tt 指定临时对象追踪点： //单击【捕捉】 按钮，单击 J 点
指定通过点：10 //向下追踪，输入水平构造线离 J 点的距离值
指定通过点： //按 Enter 键结束

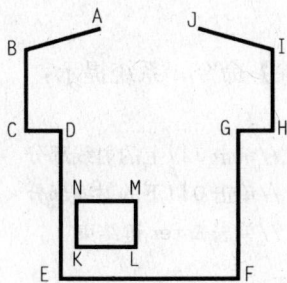

命令： //按 Enter 键重复构造命令
命令：_xline 指定点或[水平(H)/垂直(V)/角度(A)/二等分(B)/偏移(O)]：A

//选择"角度"选项

输入构造线的角度 (0) 或[参照(R)]：60 //输入构造线与水平线的夹角
指定通过点： //选择 J 点，绘制构造线 JO
指定通过点： //按 Enter 键结束

图 2-18 绘制造小童衫轮廓　　　　图 2-19 绘制小童衫衣领

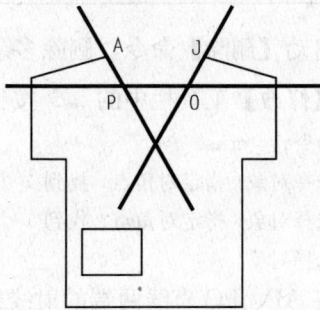

用同样的方法绘制 AP 构造线。

【构造线】命令选项说明：

水平（H）：画水平方向直线。

垂直（V）：画竖直方向直线。

角度（A）：通过某点画一个与已知直线成一定角度的直线。

二等分（B）：绘制一条平分已知角度的直线。

偏移（O）：可输入一个偏移距离来绘制平行线，或指定直线通过的点来创建新平行线。

（4）用【打断于点】命令打断构造线交点处，删除多余的线条，绘制完整的衣领口，如图 2-20 所示。

单击【修改】工具栏中的 □ 按钮，启动【打断于点】命令，系统提示：

```
命令：
命令：_break 选择对象：              //单击直线 J0
指定第二个打断点 或[第一点(F)]：_f
指定第一个打断点：                  //选择 J 点
指定第二个打断点：@
命令：
命令：                              //按 Enter 键重复"打断于点"命令
命令：_break 选择对象：              //单击直线 J0
指定第二个打断点 或[第一点(F)]：_f
指定第一个打断点：                  //选择 O 点
指定第二个打断点：@
```

同样将 AP、PO 直线在交点处打断。

【打断】命令选项说明：

指定第二个打断点：在图形对象上选取第二点后，AutoCAD 将第一打断点与第二打断点之间的部分删除。

第一点（F）：用户可以重新指定第一打断点。

（5）启动【删除】命令，删除多余的对象。

单击【修改】工具栏中的 ✎ 按钮，启动【删除】命令，系统提示：

```
命令：_erase
选择对象：指定对角点：找到 1 个              //单击 J 以上的射线部分
选择对象：指定对角点：找到 1 个,总计 2 个     //单击 O 以下的射线部分
选择对象：                                  //单击 Enter 键结束
```

同样将 AP、PO 直线两端的射线部分删除。

（6）用【偏移】命令绘制衣领的 3 组平行线，如图 2-21 所示。

单击【绘图】工具栏中的 ⬗ 按钮，启动【偏移】命令，系统提示：

```
命令：_offset                              //执行偏移命令
```

当前设置：删除源＝否 图层＝源 OFFSETGAPTYPE＝0

指定偏移距离或[通过(T)/删除(E)/图层(L)]<通过>: 4 //输入偏移的距离

选择要偏移的对象，或[退出(E)/放弃(U)]<退出>: //选择线段 JO

指定要偏移的那一侧上的点，或[退出(E)/多个(M)/放弃(U)]<退出>:

//在线段 JO 右边单击一点得平行线 QR

选择要偏移的对象，或[退出(E)/放弃(U)]<退出>: //选择线段 AP

指定要偏移的那一侧上的点，或[退出(E)/多个(M)/放弃(U)]<退出>:

//在线段 AP 左边单击一点得平行线 UV

选择要偏移的对象，或[退出(E)/放弃(U)]<退出>: //选择线段 PO

指定要偏移的那一侧上的点，或[退出(E)/多个(M)/放弃(U)]<退出>:

//在线段 PO 下边单击一点得平行线 TS

选择要偏移的对象，或[退出(E)/放弃(U)]<退出>: //按 Enter 键结束

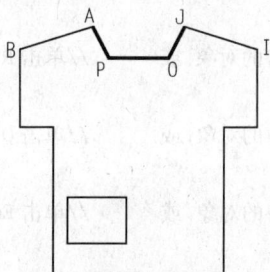

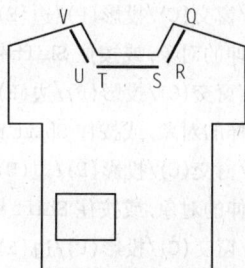

图 2-20 修剪领口　　　　图 2-21 绘制小童衫衣领

【偏移】命令选项说明：

指定偏移距离：在命令行中输入一数值，以定义偏移的图形与源图形之间的距离。

通过：在绘图区以图形中现在的端点、各节点、切点对象作为源对象的偏移参照。

删除：偏移过程中删除源对象。

图层：偏移时可以改变偏移对象的图层。

（7）用【延伸】命令延伸 QR、ST、UV 这 3 条线段，彼此相交，并与线段 AB、JI 相交，如图 2-22 所示。

单击【绘图】工具栏中的 -/ 按钮，启动【延伸】命令，系统提示：

命令：_ extend

当前设置：投影＝UCS,边＝延伸

选择边界的边...

选择对象或<全部选择>：找到1个 //单击线段 QR

选择对象：找到1个,总计2个 //单击线段 ST

选择对象：找到1个,总计3个 //单击线段 UV

选择对象：找到1个,总计4个 //单击线段 AB

选择对象:找到1个,总计5个　　　　　　　　　　　　//单击线段 JI
选择对象:
选择要延伸的对象,或按住 Shift 键选择要修剪的对象,或
[栏选(F)/窗交(C)/投影(P)/边(E)/放弃(U)]:E　　　　　//选择"延伸(E)"选项
输入隐含边延伸模式[延伸(E)/不延伸(N)]<延伸>:　　//单击 Enter 键默认延伸(E)选项
选择要延伸的对象,或按住 Shift 键选择要修剪的对象,或　　//单击 V 端
[栏选(F)/窗交(C)/投影(P)/边(E)/放弃(U)]:
选择要延伸的对象,或按住 Shift 键选择要修剪的对象,或　　//单击 U 端
[栏选(F)/窗交(C)/投影(P)/边(E)/放弃(U)]:
选择要延伸的对象,或按住 Shift 键选择要修剪的对象,或　　//单击 T 端
[栏选(F)/窗交(C)/投影(P)/边(E)/放弃(U)]:
选择要延伸的对象,或按住 Shift 键选择要修剪的对象,或　　//单击 S 端
[栏选(F)/窗交(C)/投影(P)/边(E)/放弃(U)]:
选择要延伸的对象,或按住 Shift 键选择要修剪的对象,或　　//单击 R 端
[栏选(F)/窗交(C)/投影(P)/边(E)/放弃(U)]:
选择要延伸的对象,或按住 Shift 键选择要修剪的对象,或　　//单击 O 端
[栏选(F)/窗交(C)/投影(P)/边(E)/放弃(U)]:
选择要延伸的对象,或按住 Shift 键选择要修剪的对象,或　　//单击 Enter 键结束
[栏选(F)/窗交(C)/投影(P)/边(E)/放弃(U)]:

【延伸】命令选项说明:
按住 Shift 键选择要延伸的对象:将选择的对象延伸至剪切边。
栏选 (F):用户绘制连续折线,与折线相交的对象被修剪。
窗交 (C):利用交叉窗口选择对象。
投影 (P):该选项可以使用户指定执行修剪的空间,如三维空间中两条线段呈交叉关系,用户可利用该项假想将其投影到某一平面上执行修剪操作。
边 (E):如果剪切边太短,没有与被剪切边相交,就利用此项假想将剪切边延长,然后执行修剪操作。
删除 (R):不退出修剪命令就能删除选定对象。
放弃 (U):若修剪有误,可输入字母 U 撤销修剪。

(8) 绘制童衫的纽扣。
设置点样式,用点命令绘制点"X"和点"Y",形成童衫纽扣,如图 2-23 所示。
单击菜单【格式】/【点样式】,弹出【点样式】对话框,如图 2-24 所示。在【点样式】对话框中选择 ⊡ 图标,在【点大小】文本框中输入"5",选中【按绝对单位设置大小】单选项。
单击【绘图】工具栏中的 。按钮,启动【点】命令,系统提示:
命令:_point　　　　　　　　　　//执行点命令
当前点模式: PDMODE=96　PDSIZE=5.0000
指定点:_tt 指定临时对象追踪点:_mid 于　　//单击 ▬◦ 按钮,单击中点 w

指定点：5　　　　　　　　　　　　　　　　//向下拖动鼠标,输入距离值

命令：_point

当前点模式：PDMODE = 96　PDSIZE = 5.0000

指定点：_tt 指定临时对象追踪点：_mid 于　　//单击 🔑 按钮,单击中点 w

指定点：12.5　　　　　　　　　　　　　　//向下拖动鼠标,输入离"w"点的距离值

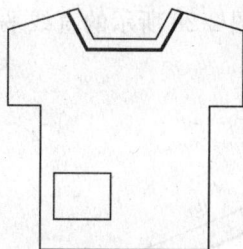

图 2-22　延伸衣领边　　　　图 2-23　绘制小童衫纽扣　　　　图 2-24　【点样式】对话框

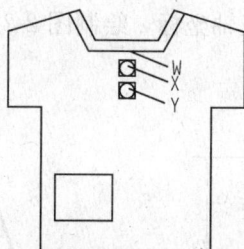

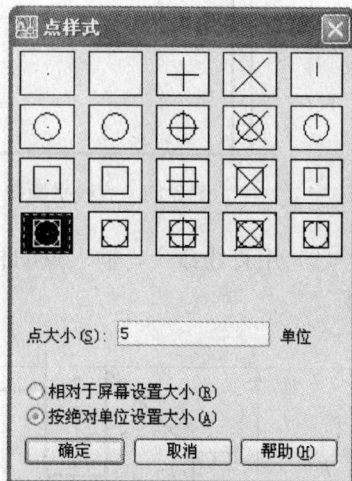

项 目 小 结

本项目主要介绍了直线平面图形的绘制和编辑方法。

（1）输入点的坐标绘制直线。点的坐标形式有两种，一种是绝对和相对直角坐标，另一种是绝对和相对极坐标。相对坐标的表示形式是在绝对坐标前加符号@。

（2）结合对象捕捉、极轴追踪及对象追踪功能画线。画线时，一般应将对象捕捉、极轴追踪及对象追踪功能都打开，这样只需输入线段的长度就可以画线。另外，还能以某点为参考点偏移一定距离画线。

（3）用延伸命令可将线条延伸到指定的边界线。

（4）用打断命令在两点或一点处打断线条。

（5）用偏移命令绘制平行线。该命令和项目三介绍的修剪命令结合使用，可快速绘制图形。

（6）用构造线命令绘制水平、竖直及倾斜直线。

动 手 练 习

（1）用直线命令，输入点的相对直角坐标，绘制图 2-25 和图 2-26 所示的直线平面图形。

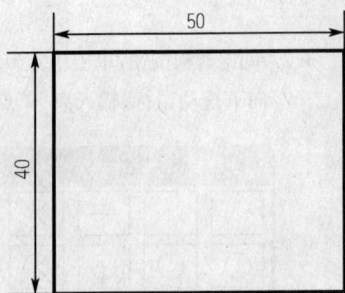

图 2-25 直线平面图

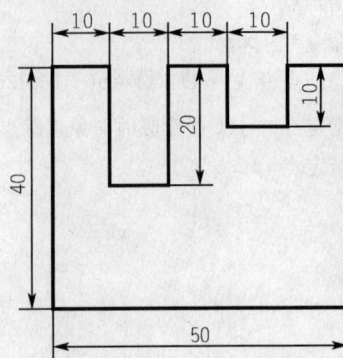

图 2-26 直线平面图

（2）用直线命令，输入点的相对极轴坐标，绘制图 2-27 和图 2-28 所示的直线平面图形。

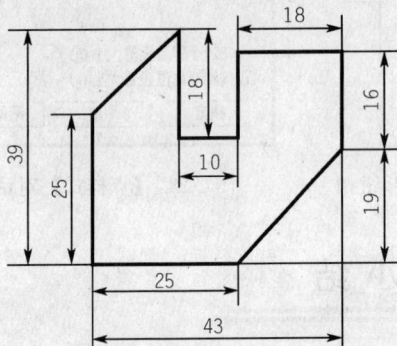

图 2-27 直线平面图

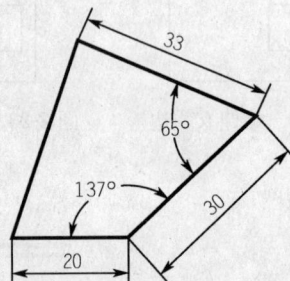

图 2-28 直线平面图

（3）用构造线命令、打断命令，绘制及编辑图 2-29 所示的直线平面图形。

（4）用直线命令、偏移命令及延伸或打断命令，绘制及编辑图 2-30 所示的直线平面图形（若从里向外偏移，则用延伸命令进行编辑；若从外向里偏移，则用打断命令进行编辑）。

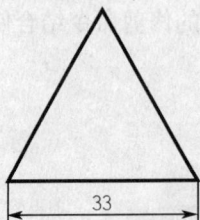

图 2-29 直线平面图

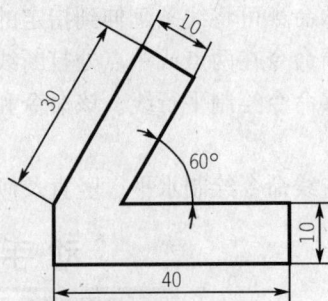

图 2-30 直线平面图

项目三

绘制及编辑圆弧平面图形

本项目介绍选择对象的方法与图层的设置。通过两个任务，介绍圆、圆弧、椭圆、椭圆弧、样条曲线、修剪、镜像及阵列等绘图、编辑命令的操作方法，以及绘制圆弧平面图形的技巧。本项目设有两个任务，推荐课时为 4 学时。

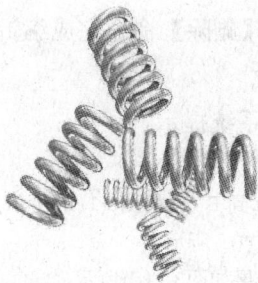

知识目标

(1) 选择对象。
(2) 设置图层。
(3) 绘制圆、圆弧连接及圆的切线。
(4) 绘制椭圆及椭圆弧。
(5) 绘制样条曲线。
(6) 修剪对象。
(7) 用镜像绘制对称图形。
(8) 创建对象的矩形及环形阵列。

能力目标

(1) 能根据图形的实际要求设置图层。
(2) 掌握绘图命令圆、圆弧、椭圆、椭圆弧及样条曲线的操作方法。
(3) 掌握修改命令修剪的操作方法。
(4) 掌握用镜像命令快速绘制对称图形的操作方法。
(5) 掌握对象矩形及环形阵列的操作方法。
(6) 熟练掌握圆弧平面图形的绘制方法。

知 识 链 接

一、选择对象的常用方法

用户在使用编辑命令时，选择的多个对象将构成一个选择集，系统提供了多种构造选择集的方法。默认情况下，用户可以逐个地拾取对象或是利用矩形、交叉窗口一次选择多个对象。

1. 用矩形窗口选择对象

当系统提示要编辑对象时，用户在图形的左上角或左下角单击一点，然后向右拖动鼠标，AutoCAD 显示一个实线矩形窗口，让此窗口完全包含要编辑的图形实体，再单击一点，则矩形窗口的所有对象（不包括与矩形边相交的对象）被选中，并以虚线形式表现出来。

下面通过删除命令来演示这种方法。

【案例 3-1】用矩形窗口选择对象。

自定尺寸，绘制一个与图 3-1（a）所示的相似图形。启用【删除】命令完成编辑操作，如图 3-1（d）所示。学习用矩形窗口选择对象的方法。

单击【修改】工具栏中的 按钮，输入【删除】命令，系统提示：

命令：_erase
选择对象：指定对角点：找到 3 个　　//单击 A 点,拖动鼠标到 B 点,如图3-1(b)所示;单击 B 点,结果如图3-1(c)所示

选择对象：　　　　　　　　　　　//按 Enter 键结束,结果如图3-1(d)所示

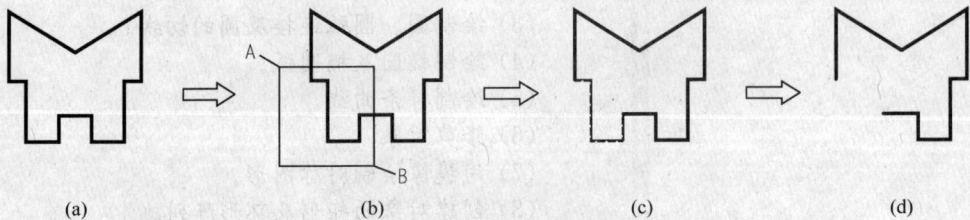

(a)　　　　　　　　(b)　　　　　　　　(c)　　　　　　　　(d)

图 3-1　用矩形窗口选择对象

2. 用交叉窗口选择对象

当系统提示要编辑对象时，用户在图形的右下（上）角单击一点，然后向左上（下）角拖动鼠标，AutoCAD 显示一个虚线矩形窗口，再单击一点，则矩形窗口的所有对象（包括与矩形边相交的对象）被选中，并以虚线形式表现出来。

【案例 3-2】用交叉窗口选择对象。

启用删除命令完成编辑操作，如图 3-2 所示。学习用交叉窗口选择对象的方法。

单击【修改】工具栏中的 按钮，输入【删除】命令，系统提示：

命令：_erase

选择对象：指定对角点：找到 6 个 　　//单击 A 点,拖动鼠标到 B 点,如图3-2(b)所示;单
　　　　　　　　　　　　　　　　　　击 B 点,结果如图3-2(c)所示

选择对象：　　　　　　　　　　　　//按 Enter 键结束,结果如图3-2(d)所示

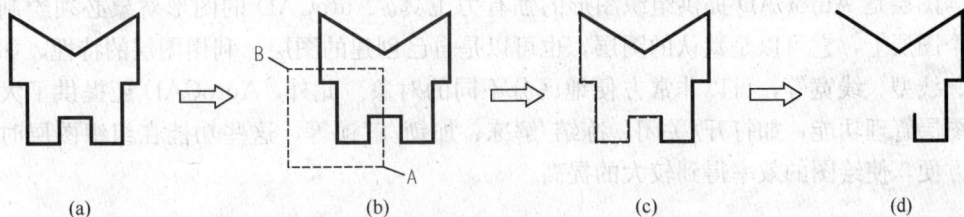

(a)　　　　　　　　(b)　　　　　　　(c)　　　　　　　(d)

图 3-2　用交叉窗口选择对象

3. 给选择集添加或去除对象

编辑过程中，用户构造选择集常常不能一次完成，需向选择集中添加或从选择集中删除对象。添加对象时，可直接选取或利用矩形窗口、交叉窗口选择要加入的图形元素。若要删除对象，可先按住 Shift 键，再从选择集中选择要清除的多个图形元素。

【案例 3-3】给选择集添加或去除对象。

用删除命令完成如图 3-3 所示的编辑操作任务，学习给选择集添加或去除对象的方法。

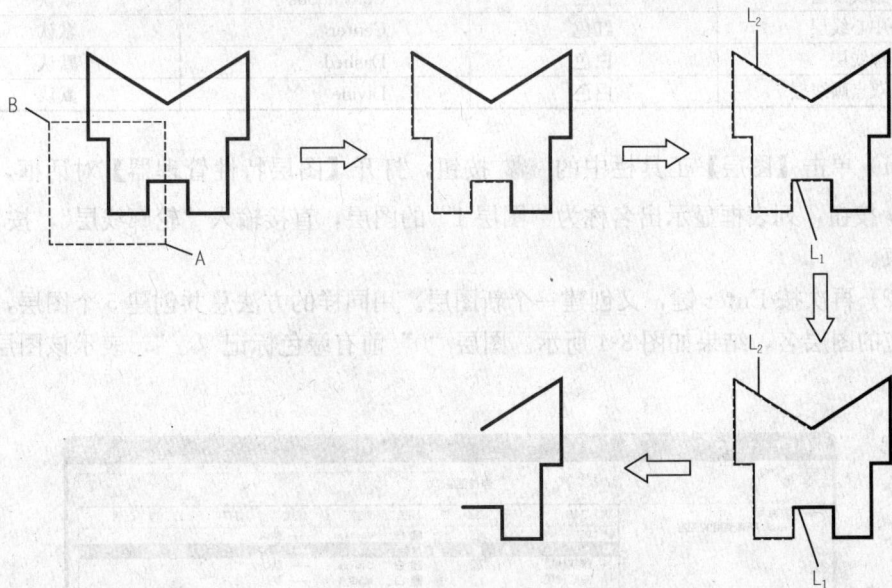

图 3-3　修改选择集

单击【修改】工具栏中的　按钮，输入【删除】命令，系统提示：

命令：_erase

选择对象：指定对角点：找到 6 个　　　　//单击 A 点,再单击 B 点

选择对象：找到 1 个,删除 1 个,总计 5 个　　//按住 Shift 键,单击 L1

选择对象：找到 1 个, 总计 6 个   //松开 Shift 键, 单击 L2

选择对象：   //按 Enter 键结束

二、图层

图层是 AutoCAD 提供组织图形的强有力工具。AutoCAD 的图形对象必须绘制在某个图层上，它可以是默认的图层，也可以是自己创建的图层。利用图层的特性，如颜色、线型、线宽等，可以非常方便地区分不同的对象。此外，AutoCAD 还提供了大量的图层管理功能，如打开/关闭、冻结/解冻、加锁/解锁等，这些功能在组织图层时非常方便，使绘图的效率得到较大的提高。

1. 符合国标的图层、线型、线宽及颜色

AutoCAD 的图形对象总是位于某个图层上。默认情况下，当前层是 0 层，此时所画的图形对象在 0 层上。每个图层都有与其相关联的颜色、线型及线宽等属性信息，用户可对这些信息进行设定或修改。

下面创建以下 5 个图层的颜色、线型及线宽，如表 3-1 所示。

表 3-1 要创建的 5 个图层

名 称	颜 色	线 型	线 宽
轮廓线层	绿色	Continuous	0.5
细实线层	白色	Continuous	默认
中心线层	红色	Center	默认
虚线层	白色	Dashed	默认
双点画线层	白色	Divide	默认

（1）单击【图层】工具栏中的 按钮，打开【图层特性管理器】对话框，再单击 按钮，列表框显示出名称为"图层 1"的图层，直接输入"轮廓线层"，按 Enter 键结束。

（2）再次按 Enter 键，又创建一个新图层。用同样的方法总共创建 5 个图层，并输入相应的图层名，结果如图 3-4 所示。图层"0"前有绿色标记"√"，表示该图层为当前层。

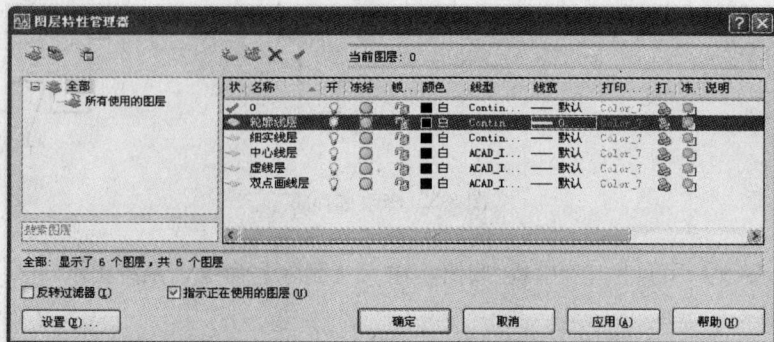

图 3-4 【图形特性管理器】对话框

（3）指定图层颜色。选中"中心线层"，单击与所选图层相关联的图标"■白"，弹出【选择颜色】对话框，选择红色，如图 3-5 所示。同样设置其他图层的颜色。

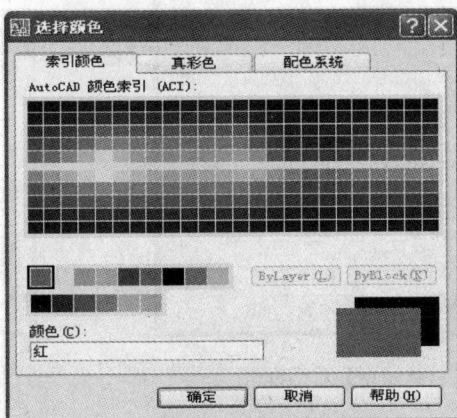

图 3-5　【选择颜色】对话框

（4）给图层分配线型。默认情况下，图层线型是"Continuous"。选中"中心线层"，单击与所选图层相关联的"Continuous"，弹出【选择线型】对话框，如图 3-6 所示，通过此对话框，用户可以对所需的线型进行选择。

单击【选择线型】对话框的 加载(L)... 按钮，打开【加载或重载线型】对话框，如图 3-7 所示。选择线型"Center"、"Dashed"及"Divide"，再单击 确定 按钮，返回【选择线型】对话框，这些线型就被加载到系统中。

返回【选择线型】对话框，选择"Center"，单击 确定 按钮，该线型就分配给"中心线层"。用同样的方法将"Dashed"分配给"虚线层"，将"Divide"分配给"双点画线层"。

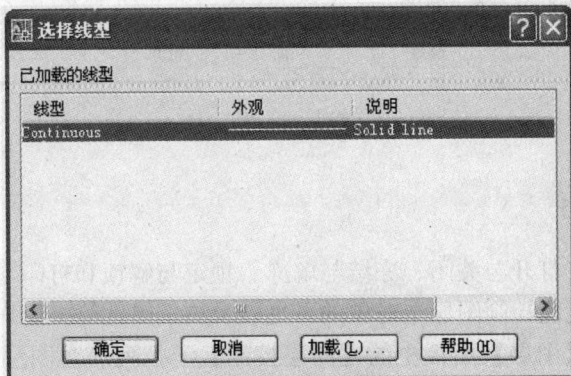

图 3-6　【选择线型】对话框

（5）设定线宽。选中"轮廓线层"，单击与所选取图层相关联的图标"—— 默认"，弹出【线宽】对话框，指定线宽为"0.50 毫米"，如图 3-8 所示。

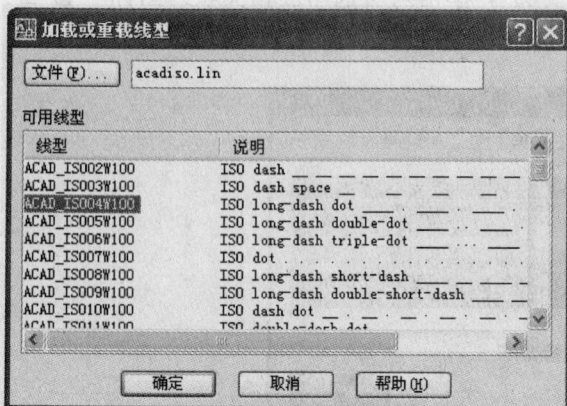

图 3-7 【加载或重载线型】对话框

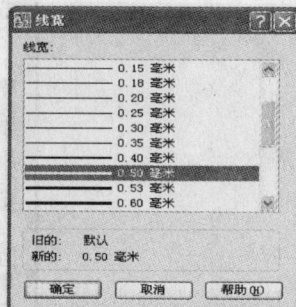

图 3-8 【线宽】对话框

　　如果要使图形对象的线宽在模型空间中显示得更宽或更窄，可以调整线宽比例。在状态栏的【线宽】按钮上单击鼠标右键，弹出快捷菜单，选择【设置】命令，弹出【线宽设置】对话框，如图 3-9 所示，在【调整显示比例】选项区域中移动滑块来改变显示比例值。

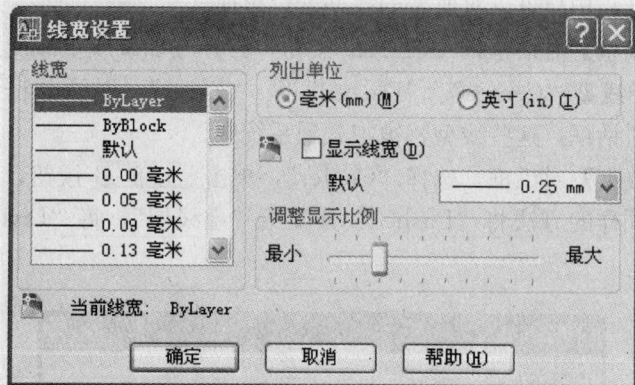

图 3-9 【线宽设置】对话框

2. 控制图层状态

　　每个图层都具有打开与关闭、冻结与解冻、锁定与解锁和打印与不打印等状态，通过改变图层状态，就能控制图层上对象的可见性及可编辑性等。用户可以用【图层特性管理器】对话框或【图层】面板中的【图层控制】下拉列表对图层状态进行控制，如图 3-10 所示，图层 1 全部处于关闭、冻结、锁定及不打印状态，图层 2 则反之。

　　以下对图层状态进行简要说明。

　　（1）打开/关闭：单击 💡 按钮，将关闭或打开某一图层，打开的图层是可见的，而关闭的图层则不可见，也不能被打印，当图形重新生成时，被关闭的图层将一起被生成。

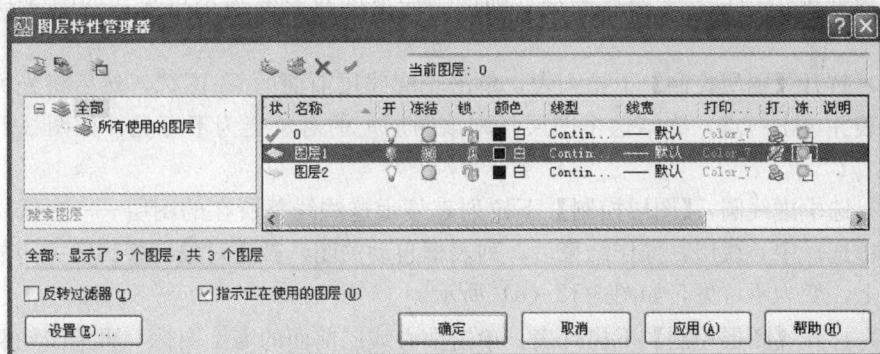

图 3-10　【图层特性管理器】对话框

（2）解冻/冻结：单击 ● 按钮，将冻结或解冻某一图层。解冻的图层是可见的，冻结的图层为不可见的，也不能被打印。当重新生成图形时，系统不再重新生成被冻结层上的对象。因而冻结一些图层后，可以加快许多操作的速度。

（3）解锁/锁定：单击 ● 按钮，将锁定或解锁某一图层。被锁定的图层是可见的，但该图层上的对象不能被编辑。

（4）打印/不打印：单击 ● 按钮，就可设定图层是否能被打印。

3. 修改对象图层、颜色、线型和线宽

用户通过【特性】工具栏中的【颜色控制】、【线型控制】和【线宽控制】下拉列表可以方便地修改或设置对象的颜色、线型及线宽等属性，如图 3-11 所示。默认情况下，这 3 个列表框中显示"ByLayer"，"ByLayer"的意思是所绘对象的颜色、线型及线宽等属性与当前层所设定的完全相同，如图 3-11 所示。

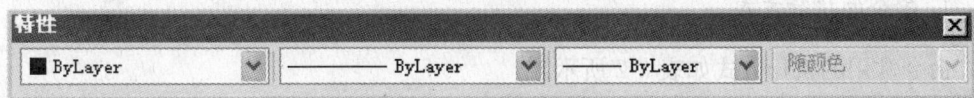

图 3-11　【特性】对话框

当要设置将要绘制的对象的颜色、线型及线宽等属性时，可直接在【颜色控制】、【线型控制】和【线宽控制】下拉列表中选择相应选项。

若要修改已有对象的颜色、线型及线宽等属性时，可先选择对象，然后在【颜色控制】、【线型控制】和【线宽控制】下拉列表中选择新的颜色、线型及线宽即可。

【案例 3-4】控制图层状态、切换图层、修改对象所在的图层及改变对象线型和线宽。

（1）设置中心线、虚线、细实线及粗实线图层，绘制如图 3-12（a）所示的图形。

（2）打开【图层】面板中的【图层控制】下拉列表，选择细实线层，则该层称为当前层。

（3）打开【图层控制】下拉列表，单击中心线层前面的 ♀ 图标，然后将光标移出下拉列表并单击一点，关闭该图层，则该图层上的对象变为不可见，如图 3-12（b）所示。

（4）打开【图层控制】下拉列表，单击轮廓线层前面的 🌑 图标，然后将光标移出下拉列表并单击一点，冻结这个图层，则该图层上的对象变为不可见，如图 3-12（c）所示。

（5）选中虚线圆，【图层控制】下拉列表显示这些线条所在的图层——虚线层。在该列表中选择中心线层，操作结束后，列表框自动关闭，被选对象转移到已关闭的中心线图层上，变为不可见，如图 3-12（d）所示。

（6）打开【图层控制】下拉列表，单击中心线层前面的 🌑 图标，再单击轮廓线层前面的 🌑 图标，打开中心线层及解冻轮廓线层，则两个图层上的对象变为可见，并且原来的虚线变成了中心线，如图 3-12（e）所示。

（7）选中所有图形对象，打开【标准】工具栏中的【颜色控制】下拉列表，从列表中选择蓝色，则所有对象变为蓝色。改变对象线型及线宽的方法与修改对象颜色类似。

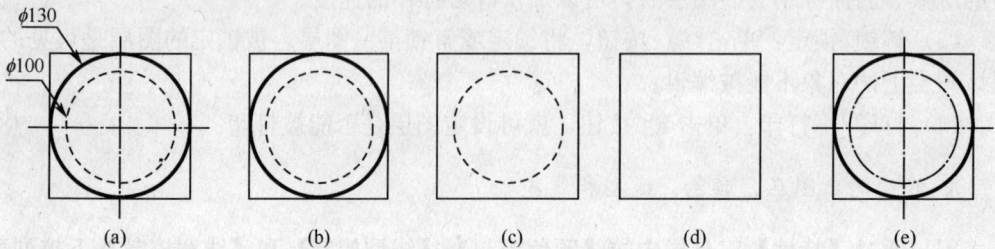

图 3-12 控制图层状态

三、认识相关命令

1. 命令的执行方式

命令常用的执行方式如表 3-2 所示。

表 3-2　命令常用的 3 种执行方式

执行方式	命　令				
	圆	圆弧	椭圆	椭圆弧	样条曲线
命令行	CIRCLE	ARC	ELLIPSE	ELLIPSE	SPLINE
菜单栏	绘图/圆	绘图/圆弧	绘图/椭圆	绘图/椭圆弧	绘图/样条曲线
工具栏	绘图/ ⬤	绘图/ ⌒	绘图/ ⬯	绘图/ ⟳	绘图/ 〰

执行方式	命　令			
	修剪	镜像	阵列	编辑样条曲线
命令行	TRIM	MIRROR	ARRAY	SPLINEDIT
菜单栏	修改/修剪	修改/镜像	修改/阵列	修改/对象/样条曲线
工具栏	修改/ ╱	修改/ ⬡	修改/ ▦	

2.命令的功用

圆——绘制圆。

圆弧——绘制圆弧。

椭圆——绘制椭圆。

椭圆弧——绘制椭圆弧。

样条曲线——绘制光滑的曲线。

修剪——可以将多余线条剪掉。

镜像——用于绘制结构规格有对称特点的图形。

阵列——可以按照矩形或环形的方式，以定义的距离或角度复制出源对象的多个对象副本。

编辑样条曲线——样条曲线绘制完成后，往往不能满足使用要求，此时可以利用样条曲线编辑命令对其进行编辑，以达到符合绘制需要的样条曲线。

任务一　绘制圆弧平面图形——小闹钟

任务分析

绘制如图 3-13 所示的小闹钟图形，学习圆、切线、修剪及阵列等命令的操作方法。

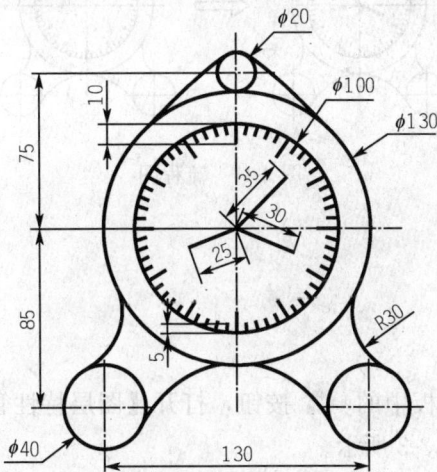

图 3-13　小闹钟

图形特点：由五个圆、两段与两个圆的切弧、一段与三个圆的切弧、两条切线、圆周均匀分布的刻度线及指针直线所构成。

要点提示：绘制定位线，确定圆心的定位点；用多种绘圆的方法绘制一系列圆；绘制切线；用阵列命令快速绘制环形排列的刻度线。

使用命令：直线、圆、修剪、阵列。

任务目标

（1）掌握圆的绘制方法。
（2）掌握线段的修剪方法。
（3）掌握切线的绘制方法。
（4）掌握环形阵列的方法。

任务实施

一、操作流程图

操作流程如图 3-14 所示。

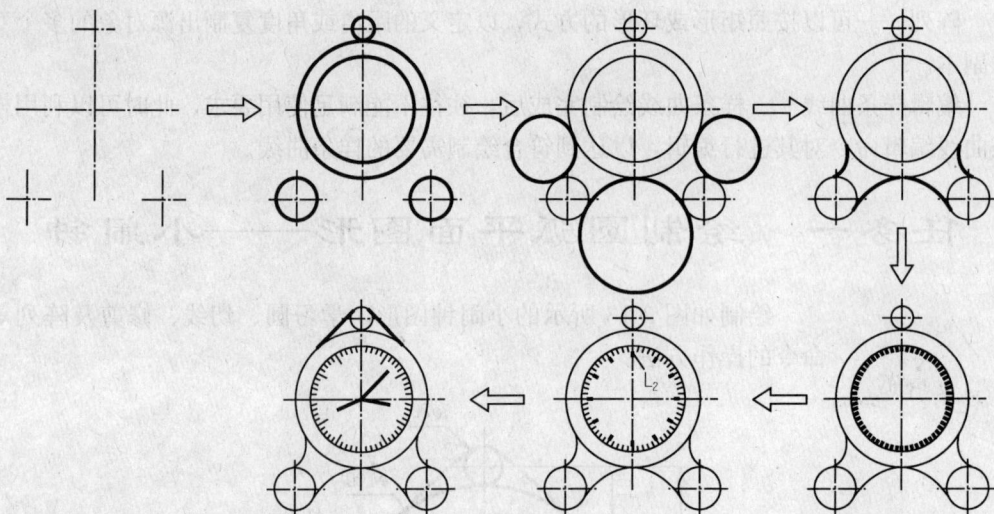

图 3-14 流程图

二、操作步骤

1. 形成主要定位线

（1）单击【图层】面板中的 按钮，打开【图层特性管理器】对话框，通过对话框创建以下图层，如表 3-3 所示。

表 3-3 要创建的图层

名　称	颜　色	线　型	线　宽
轮廓线层	绿色	Continuous	0.5
中心线层	红色	Center	默认

（2）通过单击菜单【格式】/【线型】，打开【线型管理器】对话框，在此对话框中设定线型全局比例因子为 0.4。

（3）打开极轴追踪、对象捕捉及对象追踪功能，设定对象捕捉常用的模式点。

（4）切换到中心线图层，按照图中所给的尺寸，在该层上画圆的中心线，如图3-15所示。

2. 绘制圆

（1）切换到轮廓线图层，用【圆】命令，根据给定的圆心、半径或直径，绘制1、2、3、4、5这5个圆，如图3-16所示。

单击【绘图】工具栏中的 ⊘ 按钮，执行【圆】命令，系统提示：

```
命令：_circle 指定圆的圆心或[三点(3P)/两点(2P)/相切、相切、半径(T)]://单击圆1的圆心
指定圆的半径或[直径(D)]: 50                              //输入圆1的半径
命令：_circle 指定圆的圆心或[三点(3P)/两点(2P)/相切、相切、半径(T)]://单击圆2的圆心
指定圆的半径或[直径(D)]<50.0000>: D                      //选择"直径"选项
指定圆的直径 <100.0000>: 130                             //输入圆2的直径
```

同样按给定的圆心及半径，绘制3、4、5这3个圆。

（2）绘制圆6、7，它们分别与其他两个圆相切；绘制圆8，它与其他3个圆相切，如图3-17所示。

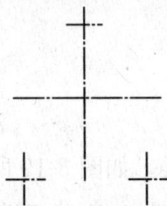

图3-15 绘制中心线

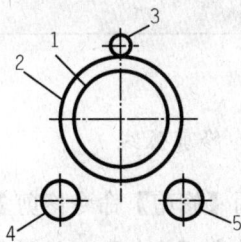

图3-16 绘制圆

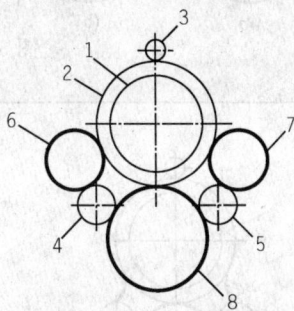

图3-17 绘制圆

输入圆的命令，系统提示：

```
命令：_circle 指定圆的圆心或[三点(3P)/两点(2P)/相切、相切、半径(T)]: T
                                                //选择"相切、相切、半径"选项
指定对象与圆的第一个切点：                         //启动捕捉切点命令,捕捉圆
                                                   2的切点
指定对象与圆的第二个切点：                         //捕捉圆4的切点
指定圆的半径: 30                                 //输入圆6的半径
```

用同样方法绘制圆7。

重复圆的命令绘制圆8。

```
命令：_circle 指定圆的圆心或[三点(3P)/两点(2P)/相切、相切、半径(T)]: _3p 指定圆上
的第一个点：_tan 到                              //选择"三点"选项,捕捉圆4的
                                                   切点
```

指定圆上的第二个点：_ tan 到　　　　　　　　　　　　　　　　//捕捉圆2的切点
指定圆上的第三个点：_ tan 到　　　　　　　　　　　　　　　　//捕捉圆5的切点

菜单【绘图】/【圆】命令中提供的 6 种绘制圆的子命令说明：

圆心、半径：用圆心和半径方式绘制圆。

圆心、直径：用圆心和直径方式绘制圆。

三点：通过捕捉系统提示的 3 个点绘制圆。

两点：通过捕捉系统提示圆直径的两个点绘制圆。

相切、相切半径：通过两个其他对象的切点和输入半径值来绘制圆。

注：切点有内切点和外切点之分，选择不同，绘制出的图也不同，如图 3-18 (a)、(b) 及 (c) 所示。

相切、相切、相切：通过 3 个切点来绘制圆。

注：切点也有内切点和外切点之分，选择不同，绘制出的图也不同，如图 3-18 (d)、(e) 及 (f) 所示。

(a)　　　　(b)　　　　(c)　　　　(d)　　　　(e)　　　　(f)

图 3-18　选择不同切点绘制出的各种圆

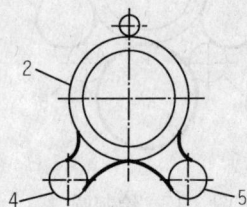

图 3-19　修剪圆

3. 修剪弧线

用【修剪】命令修剪多余的弧线，如图 3-19 所示。

单击【修剪】工具栏中的 ⊣⊢ 按钮，执行【修剪】命令，系统提示：

命令：_ trim
当前设置:投影 = UCS,边 = 延伸
选择剪切边:
选择对象或 <全部选择>： 找到 1 个　　　　　　　　　　　//单击圆2
选择对象:找到 1 个,总计 2 个　　　　　　　　　　　　　　//单击圆4
选择对象:找到 1 个,总计 3 个　　　　　　　　　　　　　　//单击圆5
选择对象:　　　　　　　　　　　　　　　　　　　　　　　//按 Enter 键结束选择
选择要修剪的对象,或按住 Shift 键选择要延伸的对象,或
[栏选(F)/窗交(C)/投影(P)/边(E)/删除(R)/放弃(U)]:　　　　//单击需要修剪的弧线

【修剪】命令选项说明：

按住 Shift 键选择要延伸的对象：将选择的对象延伸到修剪边。

栏选（F）：用户绘制连续的折线，与折线相交的对象被修剪。

窗交（C）：利用交叉窗口选择对象

投影（P）：该选项可以使用户指定执行修剪的空间，如三维空间两条线段呈交叉关系，用户可利用该选项假想将其投影到某个平面上执行修剪。

边（E）：如果剪切边太短，没有与被修剪对象相交，就利用此选项假想将剪切边延长，然后执行修剪操作。

删除（R）：不退出修剪命令就能删除选择的对象。

放弃（U）：若修剪有误，可输入字母 U 撤销修剪。

4. 环形阵列

环形阵列，绘制刻度线，如图 3-20 所示。

环形阵列是指把对象绕阵列中心等角度均匀分布。决定环形阵列的主要参数有阵列中心、阵列总角度和阵列数目。

（1）输入【直线】命令，在圆 1 的圆周上绘制长为 5 的一条短刻线 L_1。

（2）进行环形阵列。

单击【修改】工具栏中的 ⊞ 按钮，启动【阵列】命令，系统弹出【阵列】对话框，如图 3-21 所示。

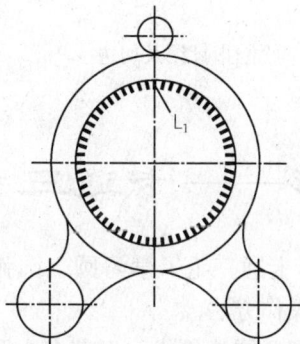

图 3-20 指针短刻度线　　　　　　　图 3-21 【阵列】对话框

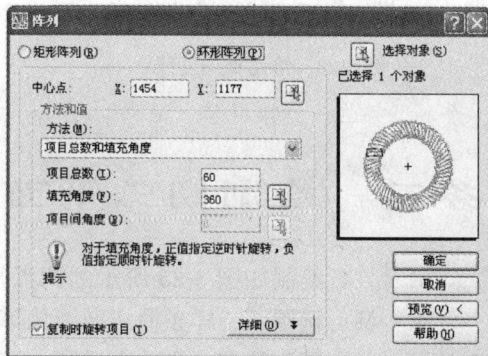

1）选中【环形阵列】单选项。

2）单击【选择对象】按钮，返回绘图窗口，选择 L_1 线段，返回对话框。

3）单击【中心点】按钮，返回绘图窗口，选择圆 1 的圆心，返回对话框。

4）在【项目总数】文本框内输入"60"，在【填充角度】文本框内输入"360°"。

5）单击 预览(V)< 按钮，弹出【阵列】对话框，如图 3-22 所示。单击 修改

按钮进行修改；单击 ［接受］ 按钮，完成阵列。

（3）输入【直线】命令，在 L₁ 的端点再绘制与 L₁ 等长的线段 L₂，形成长刻度线，如图 3-23 所示。

（4）进行环形阵列。环形阵列的设置与（2）步骤相似，不同之处是在【项目总数】文本框中输入"12"。

图 3-22　【阵列】对话框

5. 绘制直线

绘制 3 条指针及 2 条切线，如图 3-24 所示。

启动直线命令，按图中尺寸绘制 3 条指针线，夹角自定。

```
命令：_line 指定第一点：_tan 到        // 单击 ⚙ 按钮，捕捉圆2切点
指定下一点或[放弃(U)]：_tan 到          // 捕捉圆3切点
下一点或[放弃(U)]：                      // 按 Enter 键结束
```

用同样方法绘制另一条切线。

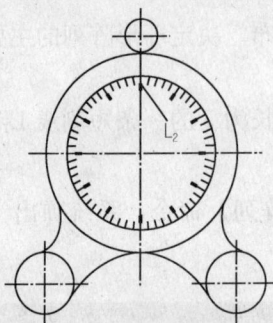

图 3-23　绘制长刻度线　　　图 3-24　绘制指针线及切边

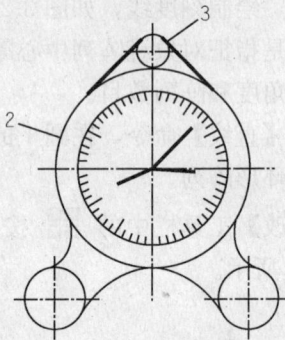

任务二　绘制圆弧平面图形——卡通三毛

绘制如图 3-25 所示的圆弧平面图形卡通三毛，学习圆、圆弧、椭圆、椭圆弧、样条曲线及镜像等命令的操作方法。

图形特点：主要由椭圆、椭圆弧、圆及圆弧构成；面部多个图素是对称图形；衣服上的椭圆形纽扣呈矩形阵列；头发由 3 条样条曲线构成。

要点提示：创建相关图层，绘制中心线，绘制相关的椭圆、圆、椭圆弧及圆弧，绘制直线，并通过镜像完成对称图形的绘制，通过阵列命令完成矩形排列的图形绘制。

使用命令：椭圆、椭圆弧、圆、圆弧、镜像、样条曲线、直线、阵列。

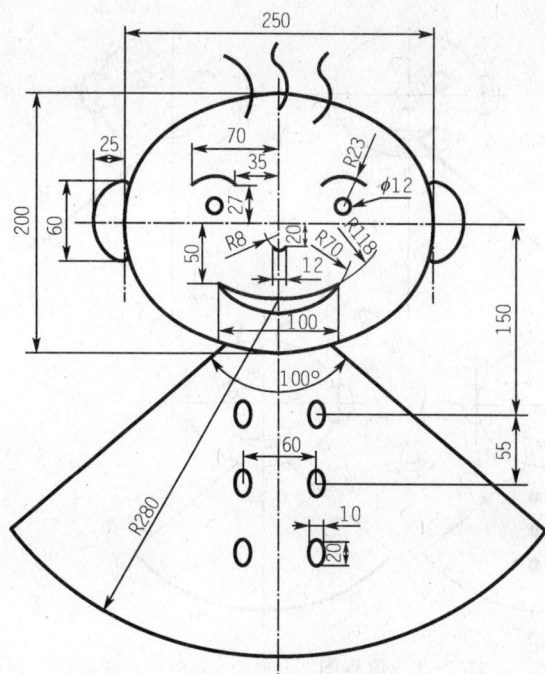

图 3-25　卡通三毛

（1）掌握圆及圆弧的绘制方法。
（2）掌握椭圆及椭圆弧的绘制方法。
（3）掌握样条曲线的绘制方法。
（4）掌握用镜像命令绘制对称图形的方法。
（5）掌握用矩形阵列绘图的方法。

任务目标

一、操作流程图

操作流程如图 3-26 所示。

任务实施

二、操作步骤

1. 绘制主要定位线

创建轮廓线、中心线图层；设置线型全局比例因子为 0.4；打开极轴追踪、对象捕捉及对象追踪功能；切换到中心线图层；绘制定位线。

2. 绘制椭圆及椭圆弧

绘制椭圆 1、椭圆 2 及椭圆弧 3，如图 3-27 所示。

（1）启动【椭圆】命令，绘制椭圆 1。

单击【绘图】工具栏中的 ⬭ 按钮，执行【椭圆】命令，系统提示：

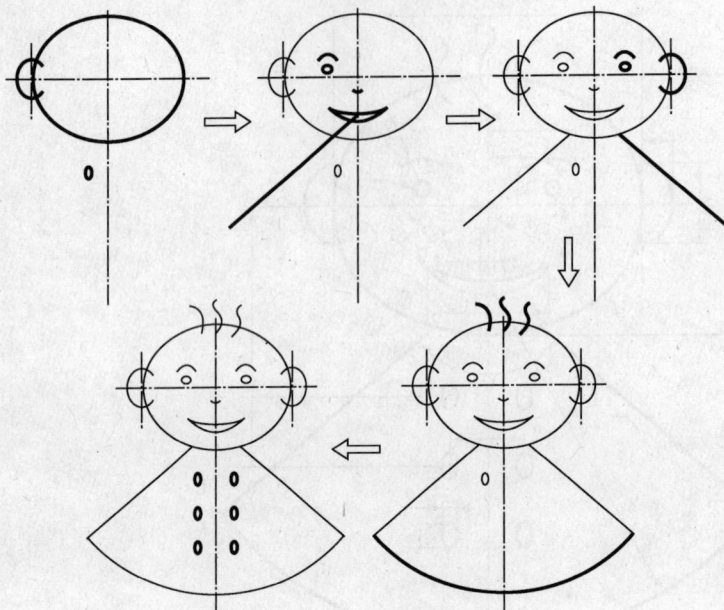

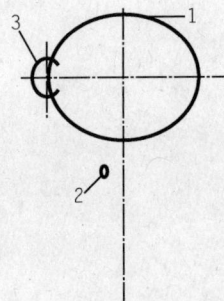

图 3-26　流程图　　　　　　　　　图 3-27　绘制椭圆

命令：_ellipse
指定椭圆的轴端点或[圆弧(A)/中心点(C)]：C　　　　//选择"中心点"选项
指定椭圆的中心点：　　　　　　　　　　　　　//单击椭圆1的圆心点
指定轴的端点：125　　　　　　　　　　　　　//将光标向右方拖动,输入长轴半径
指定另一条半轴长度或[旋转(R)]：100　　　　　//输入短轴半径

（2）继续【椭圆】命令，绘制椭圆 2。

命令：_ellipse
指定椭圆的轴端点或[圆弧(A)/中心点(C)]：C　　　　//选择"中心点"选项
指定椭圆的中心点：_from 基点：＜偏移＞：@-30,-150

　　　　//单击 🔲 按钮,单击椭圆1的圆心为基点,输入椭圆2圆心的相对坐标值
指定轴的端点：10　　　　　　　　　　　　　//将光标向上方拖动,输入长轴半径
指定另一条半轴长度或[旋转(R)]：5　　　　　//输入短轴半径

【椭圆】命令选项说明：
　　圆弧（A）：该选项使用户可以绘制一段椭圆弧。过程是先画个完整的椭圆，随后系统提示用户指定椭圆弧的起始角和终止角。
　　中心点（C）：通过椭圆中心点及长轴半径、短轴半径来绘制椭圆。
　　旋转（R）：按旋转方式绘制椭圆，即系统将圆绕直径转动一定角度后，再投影到平面上形成倾斜椭圆。

（3）绘制椭圆弧 3。
单击【绘图】工具栏中的 ◯ 按钮，执行【椭圆弧】命令，系统提示：

命令：_ellipse
指定椭圆的轴端点或[圆弧(A)/中心点(C)]：_a
指定椭圆弧的轴端点或[中心点(C)]：C   //选择"中心点"选项
指定椭圆弧的中心点：   //单击椭圆弧3的圆心点
指定轴的端点：30   //将光标向上方拖动，输入长轴半径
指定另一条半轴长度或[旋转(R)]：25   //输入短轴半径
指定起始角度或[参数(P)]：-30   //输入起始角度值
指定终止角度或[参数(P)/包含角度(I)]：210 //输入终止角度值

3. 绘制圆弧、圆及直线

（1）启动【圆弧】命令，绘制左眉毛 AB 圆弧；鼻子 EF 圆弧；绘制直径不同的由两段 CD 圆弧构成的嘴巴，如图 3-28 所示。

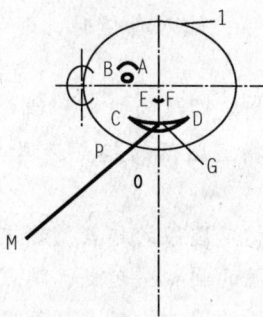

图 3-28　绘制圆弧

单击菜单【绘图】/【圆弧】/【起点端点半径】，系统提示：
  命令：_arc 指定圆弧的起点或[圆心(C)]：_from 基点：＜偏移＞：@-35,27
               //单击基点椭圆圆心，输入 A 点的相对坐标值
  指定圆弧的第二个点或[圆心(C)/端点(E)]：_e
  指定圆弧的端点：@-35,0   //输入端点 B 的相对坐标值
  指定圆弧的圆心或[角度(A)/方向(D)/半径(R)]：_r 指定圆弧的半径：23
                 //输入眉毛圆弧的半径值
  命令：   //按 Enter 键重复圆弧的命令
  ARC 指定圆弧的起点或[圆心(C)]：_from 基点：＜偏移＞：@-6,-20
              //输入 E 点相对椭圆1圆心的相对坐标
  指定圆弧的第二个点或[圆心(C)/端点(E)]：E //选择"端点(E)"选项
  指定圆弧的端点：@12,0   //输入 F 点相对 E 点的相对坐标
  指定圆弧的圆心或[角度(A)/方向(D)/半径(R)]：R //选择"半径(R)"选项
  指定圆弧的半径：8   //输入鼻子 EF 圆弧半径值
  命令：   //按 Enter 键重复圆弧的命令
  ARC 指定圆弧的起点或[圆心(C)]：_from 基点：＜偏移＞：@-50,-50
              //输入 C 点相对椭圆1圆心的相对坐标
  指定圆弧的第二个点或[圆心(C)/端点(E)]：E //选择"端点(E)"选项

指定圆弧的端点：@100,0   //输入 F 点相对 E 点的相对坐标

指定圆弧的圆心或[角度(A)/方向(D)/半径(R)]：R   //选择"半径(R)"选项

指定圆弧的半径：70   //输入嘴巴上弧线 CD 的圆弧半径值

同样，绘制嘴巴下弧线 CD。

菜单【绘图】/【圆弧】子命令的说明：

三点：通过指定圆弧上的三点绘制圆弧。

起点、圆心、端点：通过指定圆弧的起点、圆心、端点绘制圆弧。系统设置默认圆弧是朝反时针方向绘制。

起点、圆心、角度：通过指定圆弧的起点、圆心、角度绘制圆弧。输入正角时，圆弧朝反时针方向绘制；反之，朝顺时针方向绘制。

起点、圆心、长度：通过指定圆弧的起点、圆心、弦长绘制圆弧。输入正值长度时，则完成指定弦长的圆弧；输入负值时，则该值的绝对值将作为对应整圆的空缺部分圆弧的弦长。

起点、端点、角度：通过指定圆弧的起点、端点、角度绘制圆弧。

起点、端点、方向：通过指定圆弧的起点、端点、圆弧起点的切向方向绘制圆弧。

起点、端点、半径：通过指定圆弧的起点、端点、半径绘制圆弧。

圆心、起点、端点：以圆弧的圆心、起点、端点方式绘制圆弧。

圆心、起点、角度：以圆弧的圆心、起点、角度方式绘制圆弧。

圆心、起点、长度：以圆弧的圆心、起点、长度方式绘制圆弧。

继续：绘制其他直线或非封闭曲线后选择此子命令时，系统将自动以刚才绘制的对象的终点作为即将绘制的圆弧的起点。

注：此处粗字体的子命令为常用绘制圆弧的方法。

---

(2) 启动【圆】命令，捕捉左眉毛圆心作为眼睛的圆心，绘制左眼睛小圆。

(3) 启动【直线】命令，绘制直线 GM。

命令：_line 指定第一点：   //单击 G 点

指定下一点或[放弃(U)]：@280<-140   //输入相对极坐标值

指定下一点或[放弃(U)]：   //按 Enter 键结束

(4) 启动【修剪】命令，修剪 GM 线段，形成 MP 线段。

4. 绘制对称图形

绘制对称的右眉毛、右眼、右耳及右直线，如图 3-29 所示。

单击【修改】工具栏中的 按钮，执行镜像命令，系统提示：

命令：_mirror

选择对象：找到 1 个   //选择左眼睛

选择对象：找到 1 个,总计 2 个   //选择左眉毛

选择对象：找到 1 个,总计 3 个   //选择左耳朵

选择对象:找到 1 个,总计 4 个　　　　　　　　//选择直线 GM(见图3-28)

选择对象:　　　　　　　　　　　　　　　　　//按 Enter 键结束选择

指定镜像线的第一点:指定镜像线的第二点:　　//捕捉椭圆1垂直的定位中心线两端点

要删除源对象吗?[是(Y)/否(N)]<N>:　　　　　//按 Enter 键结束

5. 绘制 3 条头发及衣服圆弧边

(1) 绘制 3 条头发,如图 3-30 所示。

单击【绘图】工具栏中的 ∿ 按钮,执行【样条曲线】命令,系统提示:

命令: _ spline

指定第一个点或[对象(O)]:　　　　　　　　　　//选择 H 点

指定下一点:　　　　　　　　　　　　　　　　　//选择 I 点

指定下一点或[闭合(C)/拟合公差(F)]<起点切向>:　//选择 J 点

指定下一点或[闭合(C)/拟合公差(F)]<起点切向>:　//选择 K 点

指定下一点或[闭合(C)/拟合公差(F)]<起点切向>:　//按 Enter 键结束选择

指定起点切向:　　　　　　　　　　　　　　　　//设置起点的切向位置

指定端点切向:　　　　　　　　　　　　　　　　//设置终点的切向位置

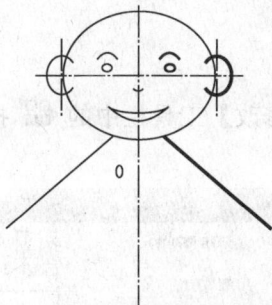

图 3-29　绘制对称图形　　　　图 3-30　绘制样条曲线及圆弧

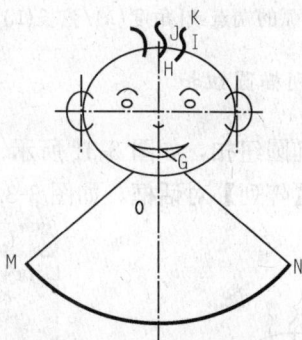

【样条曲线】命令选项说明:

对象: 将样条曲线拟合多段线转换为等价的样条曲线。

闭合: 将样条曲线的端点与起点闭合。

拟合公差: 定义曲线的偏差值,值越大,离控制点越远,反之则越近。

起点切向: 定义样条曲线的起点和结束点的切线方向。

　　同样,绘制另外两条头发,并单击菜单【修改】/【对象】/【样条曲线】,启动【编辑样条曲线】命令,编辑样条曲线符合实际要求。

【编辑样条曲线】命令选项说明:

拟合数据 (F): 修改样条曲线所通过的主要控制点。使用该选项后,样条曲线上各控制点将会被激活,命令行中会出现如下进一步的选项说明:

　　添加 (A): 为样条曲线添加新的控制点。

　　删除 (D): 删除样条曲线中的控制点。

移动（M）：移动控制点在图形中的位置，按 Enter 键可以依次选取各点。

清理（P）：从图形数据库中清除样条曲线的拟合数据。

相切（T）：修改样条曲线在起点和端点的切线方向。

公差（L）：重新设置拟合公差的值。

闭合（C）：可以将样条曲线封闭。

移动顶点：选择该选项，通过拖动鼠标的方式，移动样条曲线各控制点处的夹点，以达到编辑样条曲线的目的。

精度：该选项可将所修改的样条曲线的控制点细化，以便更加精确地对样条曲线进行编辑。

（2）绘制圆弧，如图 3-30 所示。

启动【圆弧】命令，系统提示：

命令：_ arc 指定圆弧的起点或[圆心(C)]: C   //选择"圆心"选项

指定圆弧的圆心：   //单击 G 点

指定圆弧的起点：   //单击 M 点

指定圆弧的端点或[角度(A)/弦长(L)]:   //单击 N 点

6．矩形阵列椭圆纽扣

矩形阵列椭圆纽扣，如图 3-31 所示。单击【修改】工具栏中的 ⊞ 按钮，执行阵列命令，弹出【阵列】对话框，如图 3-32 所示。

图 3-31 阵列椭圆

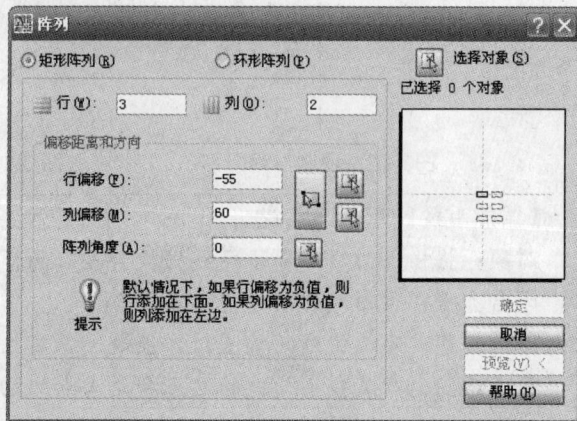

图 3-32 【阵列】对话框

（1）选取【矩形阵列】单选项。

（2）在【行】文本框中输入"3"，表示阵列 3 行；在【列】文本框中输入"2"，表示阵列 2 列。

（3）单击【选择对象】按钮，返回绘图窗口，选择椭圆 2，再返回【阵列】对话框。

（4）在【行偏移】文本框中输入"-55"，表示向源对象的下方偏移；在【列偏移】文本框中输入"60"，表示向源对象的右方偏移。

（5）单击 预览(V) < 按钮，系统返回绘图窗口，并按设定的参数显示环形阵列，用户可以预览阵列的效果。

（6）单击 确定 按钮，生成矩形阵列。

项目小结

本项目主要介绍了圆弧平面图形的绘制和编辑方法，用镜像及阵列方法进行快速绘图。

（1）圆有6种绘制方法。使用"相切、相切半径"和"相切、相切、相切"两种绘制圆的方法时，注意选择切点，切点不同，将绘制出内切圆、外切圆或内外切圆。

（2）圆弧有10种绘制方法。AutoCAD默认以反时针方向绘制弧线，绘图时注意按反时针顺序选择弧线的起点及端点；输入角度正值，向反时针方向绘制圆弧，反之向顺时针方向绘制。

（3）用镜像命令镜像对象。操作时，可指定是否删除原对象。

（4）样条曲线可以方便绘制波浪线，该线可作工程图的断裂线。

（5）编辑样条曲线。

（6）矩形阵列的行与x轴平行，列与y轴平行。行、列间距可正可负，当为正值时，对象沿坐标正方向，反之沿坐标负方向。

（7）环形阵列的总角度可正可负，若为正值，对象沿反时针方向分布，反之沿顺时针方向分布。

（8）修剪是一个重要的编辑命令，既可修剪，也可延伸。

动手练习

（1）按表3-4的规定设置图层及线型，并设定线型比例为0.3。

表3-4 设置图层

图层名称	颜色（颜色号）		线型	线宽
01	绿	（3）	实线 Continuous	0.5
02	白	（7）	实线 Continuous	默认
03	黄	（2）	虚线 ACAD_ISO02W100	默认
04	红	（1）	点划线 ACAD_ISO04W100	默认
05	粉红	（6）	双点划线 ACAD_ISO05W100	默认

（2）用圆、圆弧等命令绘制如图3-33所示的太极图形。

（3）用直线、偏移及阵列等命令绘制如图3-34所示的地板砖平面图形。

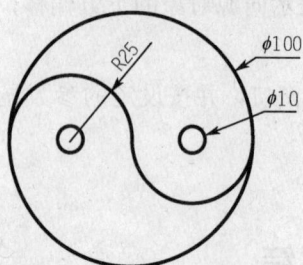

图 3-33　太极图形

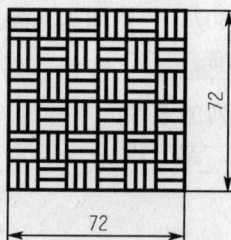

图 3-34　地板砖

（4）用【椭圆】、【阵列】等命令绘制如图 3-35 所示的平面图形。

（5）用【圆】、【圆弧】、【直线】、【点】及【镜像】等命令绘制如图 3-36 所示的昆虫图案。

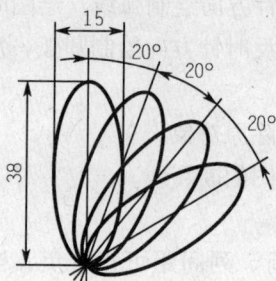

图 3-35　椭圆花

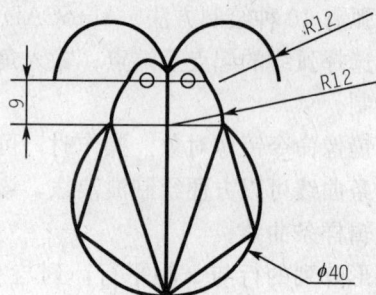

图 3-36　小昆虫

（6）用【圆】、【圆弧】、【打断】及【阵列】等命令绘制如图 3-37 所示的鲜花图案。

（7）用【样条曲线】、【圆】、【圆弧】及【修剪】等命令绘制如图 3-38 所示的小鱼图案。

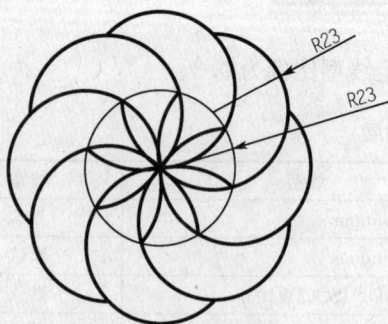

图 3-37　小鲜花

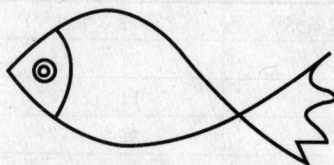

图 3-38　小鱼

（8）按下面要求进行图纸设置，用【圆】、【圆弧】及【修剪】等命令绘制如图 3-39 所示的图形。

1）创建表3-5所要求的图层。

表3-5 创建图层

名称	颜色	线型	线宽
轮廓线层	绿色	Continuous	0.5
中心线层	红色	Center	默认

2）通过单击菜单【格式】/【线型】，打开【线型管理器】对话框，在此对话框中设定线型全局比例因子为0.4。

3）打开极轴追踪、对象捕捉及对象追踪功能，设定对象捕捉常用的模式点。

4）切换图层，绘制中心线及轮廓线。

（9）设置图层，用【圆】、【直线】、【修剪】及【阵列】等命令绘制如图3-40所示的图形。

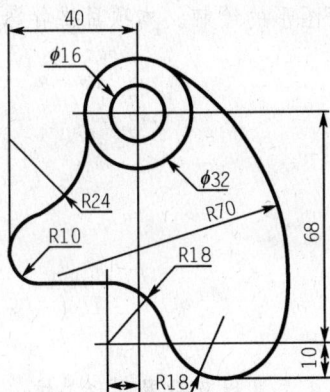

图3-39 圆弧平面图

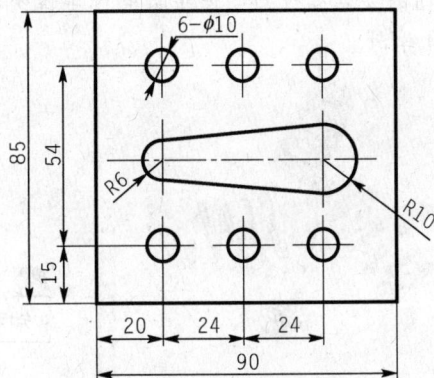

图3-40 圆弧平面图

绘制及编辑多边形平面图形

本项目介绍自定义工具栏、设置图形单位、设置参数选项及修改非连续线的外观。通过两个任务介绍正多边形、矩形等 11 个命令的操作方法，介绍绘图的要点和技巧，使学员熟练掌握多边形平面图形的绘制。本项目推荐课时为4 学时。

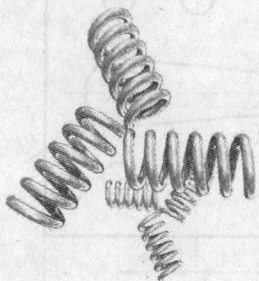

知识目标

(1) 自定义工具栏及设置图形单位。

(2) 设置参数选项及修改非连续线的外观。

(3) 绘制正多边形、矩形及倒圆角。

(4) 缩放、复制对象。

(5) 面域及布尔运算。

(6) 绘制及编辑剖面图案。

能力目标

(1) 掌握用 LTSCALE 及 PROPERTIES 命令修改非连续线的外观的方法。

(2) 掌握正多边形及矩形的命令操作方法。

(3) 掌握倒圆角、复制及缩放等命令的操作方法。

(4) 掌握绘制和编辑剖面图案的方法。

(5) 掌握面域及布尔运算的方法。

(6) 能熟练绘制及编辑多边形平面图。

知 识 链 接

一、自定义工具栏

AutoCAD 是一个比较复杂的应用程序，它的工具栏设计的内容很多，通常每个工具栏都由多个图标按钮组成。为了能够最大限度地使用户在短时间内熟练使用，AutoCAD 提供了一套自定义工具栏命令，从而加快工作流程，还能使屏幕变得更加清洁，消去了不必要的干扰。

二、设置图形单位

在图形中绘制的所有对象都是根据单位进行测量的。绘图时根据要求确定 AutoCAD 的度量单位，否则系统按默认值操作。

单击菜单【格式】/【单位】，弹出【图形单位】对话框，如图 4-1 所示。

【图形单位】对话框常用项目说明如下。

（1）【长度】：指定测量的当前单位及当前单位的精度。

1）【类型】：设置测量单位的当前格式，包括【建筑】、【小数】、【工程】、【分数】和【科学】。

2）【精度】：设置当前单位格式的小数位数。

（2）【角度】：指定当前角度的格式和精度。

1）【类型】：设置当前角度格式。格式有百分度、度/分/秒、弧度、勘测单位、十进制数。

2）【精度】：设置当前角度格式的小数位数。

3）【顺时针】：用来确定角度的正方向。默认时，以逆时针方向表示正角度。

（3）【方向】：单击【方向】按钮，弹出【方向控制】对话框，此对话框用来控制基准角度，如图 4-2 所示。选择不同选项会影响到角度、对象旋转角度、显示格式及极坐

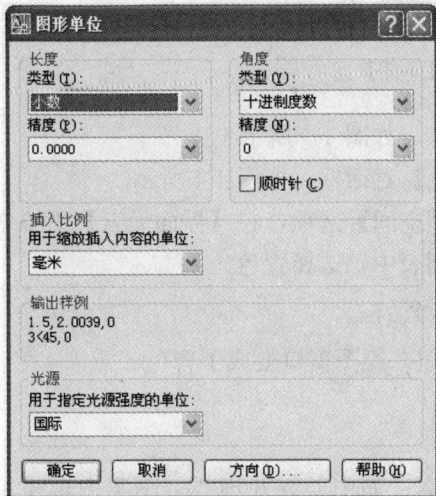

图 4-1 【图形单位】对话框　　　　　图 4-2 【方向控制】对话框

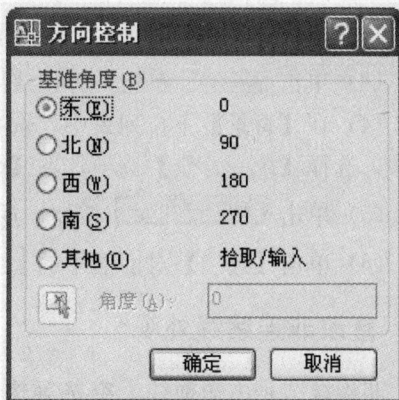

标、柱坐标和球坐标等项目的操作。

  1)【东】：设置基准角度方向为正东向（默认零角度方向）。

  2)【北】：设置基准角度方向为正北向（90°）。

  3)【西】：设置基准角度方向为正西向（180°）。

  4)【南】：设置基准角度方向为正南向（270°）。

三、设置参数选项

  单击菜单【工具】/【选项】，弹出【选项】对话框，如图 4-3 所示。在该对话框中包含【文件】、【显示】、【打开和保存】、【打印和发布】、【系统】、【用户系统配置】、【草图】、【三维建模】、【选择集】、【配置】10 个选项卡，可根据绘图的需要，进行选项的设置。

  【案例 4-1】设置绘图窗口为青色。

  （1）单击菜单【工具】/【选项】，弹出【选项】对话框，如图 4-3 所示。

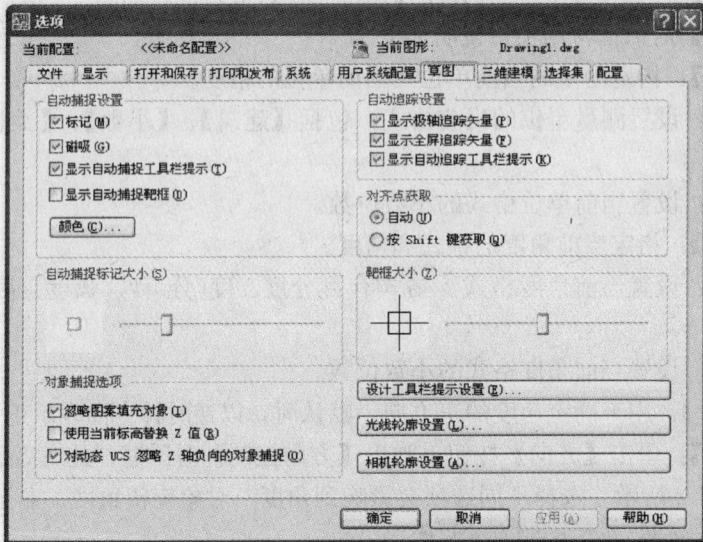

图 4-3　【选项】对话框中的【草图】选项卡

  （2）选择【选项】对话框中的【草图】选项卡，如图 4-3 所示。

  （3）单击 颜色(C)... 按钮，弹出【图形窗口颜色】对话框，如图 4-4 所示。

  （4）在【背景】下拉列表中，选择【二维模型空间】选项，在【界面元素】下拉列表中，选择【统一背景】选项，在【颜色】下拉列表中，选择青色。

  （5）单击 应用并关闭(A) 按钮，返回【选项】对话框。

  （6）单击【选项】对话框中的 确定 按钮，绘图窗口变成了青色。

四、修改非连续线外观

  非连续线是由短横线、空格等构成的重复图案，如中心线及虚线。图案中短线长度、空格大小由线型比例控制。用户绘图时常会遇到这样一种情况：本来想画虚线或点

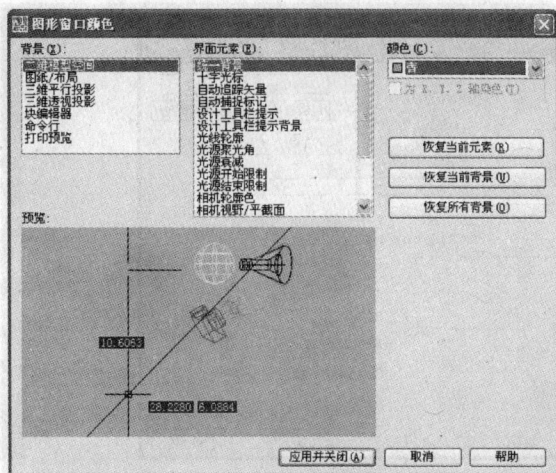

图 4-4 【图形窗口颜色】对话框

画线，但最终绘制出的线型看上去却和连续线一样，出现这种现象的原因是线型比例设置得太大或太小。

LTSCALE 命令是控制线型外观的全局比例因子，它将影响图样中所有非连续线型的外观，其值增加时，将使非连续性中短横线及空格加长，反之，会使它们缩短。

PROPERTIES 命令可控制局部非连续线型外观。

【案例 4-2】用 LTSCALE 及 PROPERTIES 命令修改非连续线的外观，如图 4-5 所示。

(1) 修改图形全局非连续线的外观。

设置轮廓线、虚线及中心线图层，设置全局比例因子为 1，按尺寸要求绘制图 4-5（a）。

单击菜单【格式】/【线型】，弹出【线型管理器】对话框，如图 4-6 所示。

在【全局比例因子】文本框内输入"2"。

单击 ▭ 确定 按钮，结果如图 4-5（b）所示，图中虚线、中心线等非连续线的空格加长、短线加长。

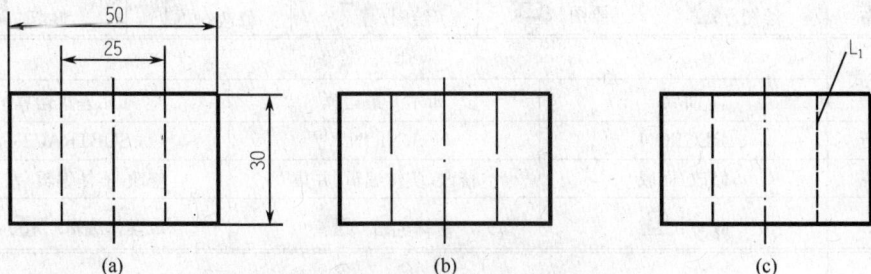

图 4-5 修改非连续线外观流程图

(2) 修改图形中局部非连续线的外观，如图 4-5（c）所示。

单击非连续线 L_1。

单击【标准】工具栏中的 ▦ 按钮，弹出【特性】对话框，如图 4-7 所示。

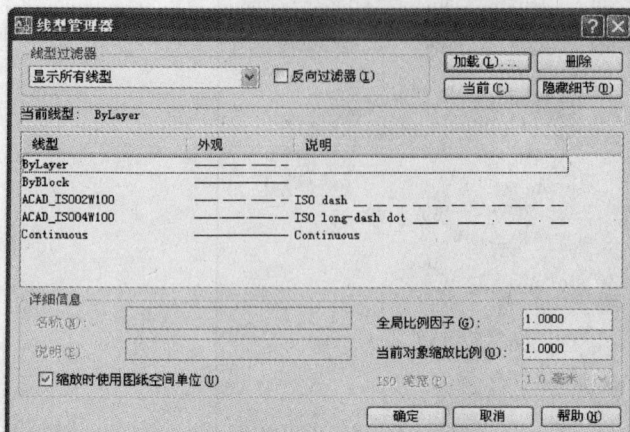

图 4-6 【线型管理器】对话框　　　　图 4-7 【特性】对话框

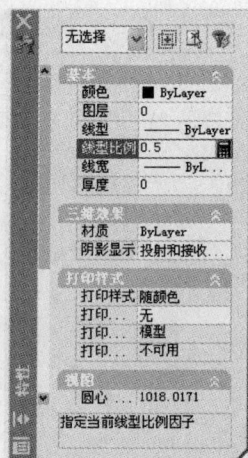

在【线型比例】文本框内输入"0.5"，关闭【特性】对话框，完成了修改 L₁ 非连续线的外观，如图 4-5（c）所示，虚线 L₁ 的空格变短、短线变短，其他非连续线不受影响，实现修改局部非连续线的外观。

五、认识相关命令

1. 命令的执行方式

本项目中，命令的常用执行方式有 3 种，如表 4-1 所示。

表 4-1　命令常用的 3 种执行方式

执行方式	命令				
	正多边形	矩形	倒圆角	缩放	复制
命令行	POLYGON	RECTANG	FILLET	SCALE	COPY
菜单栏	绘图/多边形	绘图/矩形	绘图/倒圆角	修改/缩放	修改/复制
工具栏	绘图/	绘图/	绘图/	修改/	修改/

执行方式	命令		
	面域	布尔并集运算	布尔差集运算
命令行	REGIION	UNION	SUBTRACT
菜单栏	修改/面域	修改/实体编辑/并集	修改/实体编辑/差集
工具栏	修改/	实体编辑/	实体编辑/

执行方式	命令		
	布尔交集运算	图案填充	
命令行	INTERSECT	BHATCH	
菜单栏	修改/实体编辑/交集	修改/填充	
工具栏	实体编辑/	修改/ 或	

2. 命令的功用

正多边形——绘制3条或3条以上长度相等的线段，构成首尾相接的闭合图形。

矩形——绘制矩形，可以为其设置倒角、圆角以及宽度和厚度等参数。

倒圆角——将两条相交的直线用圆弧连接起来。

复制——重新生成一个或多个与原对象一模一样的图形。

缩放——将图形对象以指定的缩放基点为缩放参照，放大或缩小一定比例，创建出与源对象成一定比例且形状相同的新图形对象。比例因子大于1时，缩放结果是使图形变大，反之则使图形变小。

面域——面域是使用形成闭环的对象创建的二维闭合区域。

布尔运算——布尔运算是一种逻辑运算，它可以对实体和共面的面域进行剪切、添加以及获取交叉部分等操作。而对普通的线框和多段线线框，则无法执行布尔运算。

图案填充——重复绘制某些图案以填充图形中的一个区域，从而表达该区域的特征，这种填充操作称为图案填充。

任务一　绘制及编辑多边形

平面图——十瓣花

绘制如图4-8所示的十瓣花平面图形，学习多边形、倒圆角、复制及缩放等命令的操作方法。

任务分析

图形特点：由正十边形、正三角形、正五边形、倒圆角的矩形及两个与正多边形内接、外切的圆所构成。

要点提示：绘制圆的定位中心线，绘制 $\phi60$ 圆，绘制与 $\phi60$ 圆外切的正十边形，以正十边形的边为参数绘制正三角形，以正三角形的边及

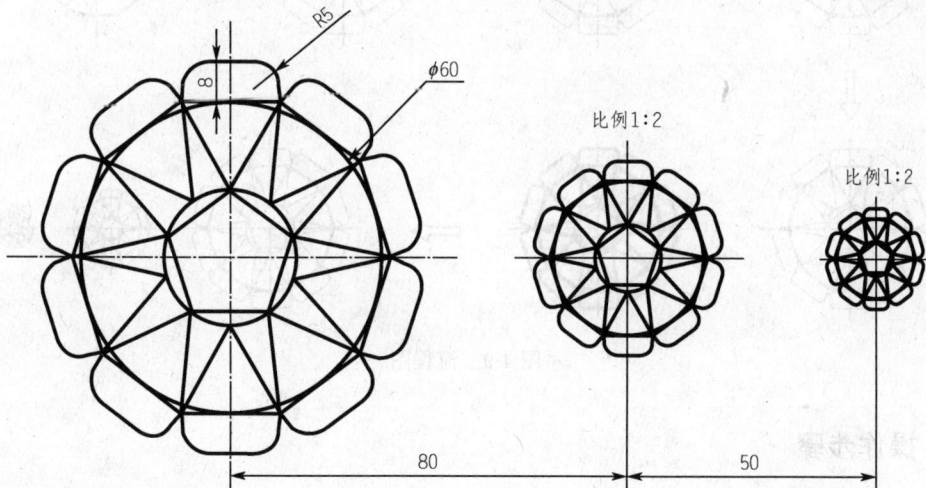

图 4-8　十瓣花

图形给出的参数绘制矩形，矩形倒圆角，环形阵列，用三点绘圆方法绘制小圆，绘制与小圆内接的正五边形，复制十瓣花，缩放十瓣花。

使用命令： 多边形、直线、倒圆角、圆、修剪、阵列、复制及缩放等。

任务目标

（1）掌握正多边形的多种绘制方法。

（2）掌握倒圆角的绘制方法。

（3）掌握复制对象的操作方法。

（4）掌握缩放对象的操作方法。

（5）熟练绘制综合性的多边形平面图。

任务实施

一、操作流程图

操作流程如图 4-9 所示。

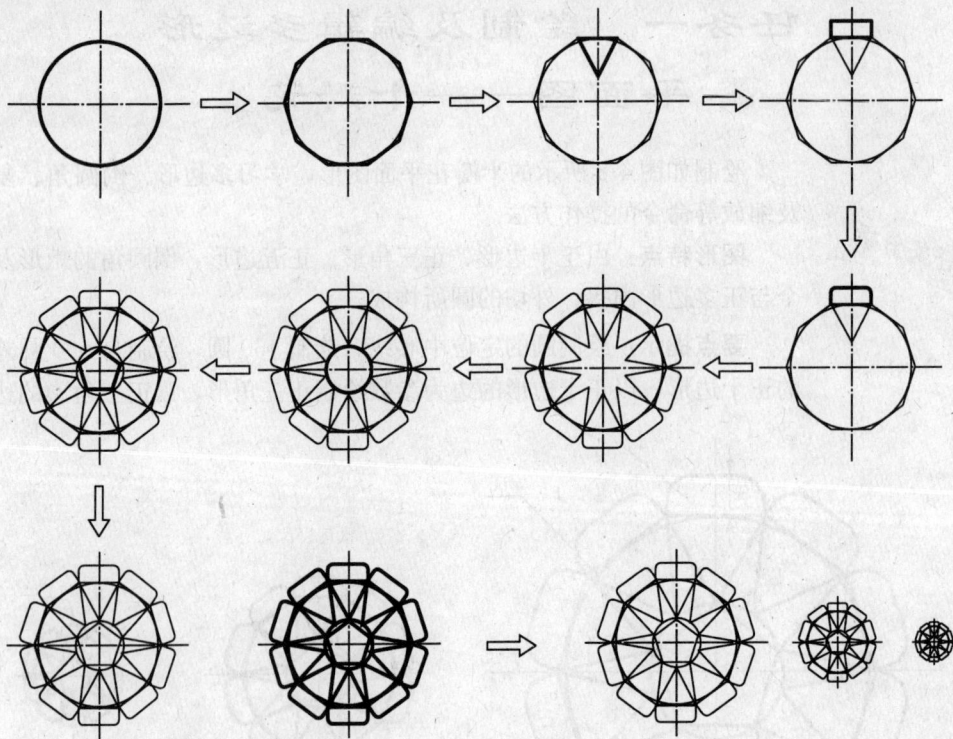

图 4-9　流程图

二、操作步骤

（1）形成主要定位线。

创建轮廓线、中心线图层；设置线型全局比例因子为 0.5；打开极轴追踪、对象捕捉及对象追踪功能；切换到中心线图层；绘制定位中心线。

（2）切换到轮廓线图层，启动【圆】命令，绘制 φ60 的圆，如图 4-10 所示。

（3）绘制正十边形，外切 φ60 圆，如图 4-11 所示。

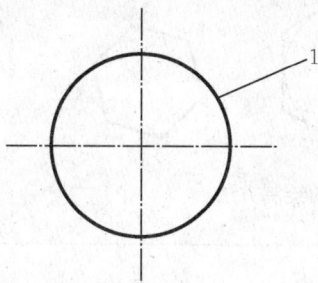

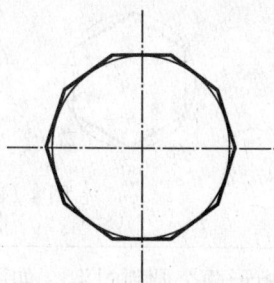

图 4-10　绘制圆　　　　　　　　图 4-11　绘制正十边形

单击【绘图】工具栏中的 ⬠ 按钮，执行【多边形】命令，系统提示：

命令：_polygon 输入边的数目 ＜4＞：10　　　　　　//输入边的数目

指定正多边形的中心点或[边(E)]：　　　　　　　　　//单击圆1的圆心

输入选项[内接于圆(I)/外切于圆(C)]＜I＞：C　　　　//选择"外切于圆"选项

指定圆的半径：30　　　　　　　　　　　　　　　　//输入外切圆的半径

（4）绘制正三角形，正十边形的边与正三角形的边等长，如图 4-12 所示。

输入多边形的命令，系统提示：

命令：_polygon 输入边的数目 ＜4＞：3　　　　　　//输入边的数目

指定正多边形的中心点或[边(E)]：E　　　　　　　//选择"边"选项

指定边的第一个端点：指定边的第二个端点：　　　//单击 A 点，再单击 B 点

（5）绘制矩形，如图 4-13 所示。

矩形的长边与正十边形的边相等，短边为8，启动【直线】命令完成绘制。

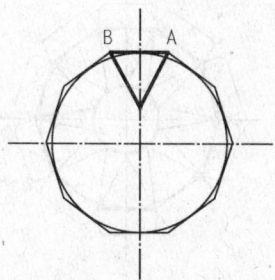

图 4-12　绘制正三边形　　　　　　图 4-13　绘制矩形

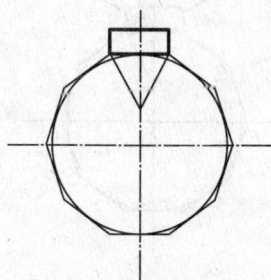

【多边形】命令选项说明：

指定多边形的中心点：用户输入多边形边数后，再拾取多边形的中心点。

内接于圆（I）：根据内接于圆生成正多边形，如图 4-14（a）所示。

外切于圆（C）：根据外切于圆生成正多边形，如图 4-14（b）所示。

AutoCAD 2008 中文版二维造型案例教程

边 (E)：输入多边形边数后，指定某条边的两个端点，即绘出多边形，如图 4-14（c）所示。

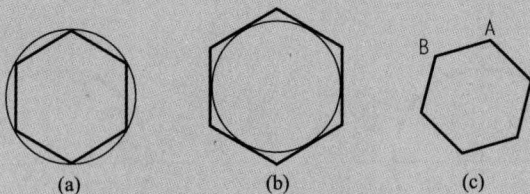

图 4-14　多边形的绘制方法

（6）绘制矩形两个圆弧过渡，如图 4-15 所示。

单击【绘图】工具栏中的 按钮，执行【倒圆角】命令，系统提示：

```
命令：_ fillet
当前设置：模式 = 修剪,半径 = 0.0000
选择第一个对象或[放弃(U)/多段线(P)/半径(R)/修剪(T)/多个(M)]: R    //选择"半径(R)"
                                                                      选项
指定圆角半径 <0.0000>: 5                                       //输入圆角半径值
选择第一个对象或[放弃(U)/多段线(P)/半径(R)/修剪(T)/多个(M)]: M    //选择"多个(M)"
                                                                      选项
选择第一个对象或[放弃(U)/多段线(P)/半径(R)/修剪(T)/多个(M)]:      //单击 L₁
选择第二个对象,或按住 Shift 键选择要应用角点的对象:             //单击 L₂
选择第一个对象或[放弃(U)/多段线(P)/半径(R)/修剪(T)/多个(M)]:      //单击 L₂
选择第二个对象,或按住 Shift 键选择要应用角点的对象:             //单击 L₃
```

（7）对正三角形和矩形进行环形阵列，如图 4-16 所示。

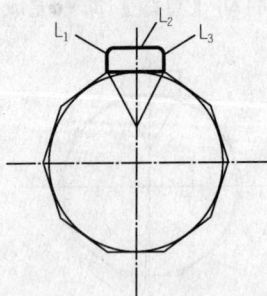

图 4-15　绘制倒圆角　　　　　　　　　图 4-16　阵列

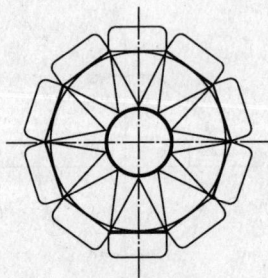

启动【阵列】命令，设置【环形阵列】对话框，其中【项目总数】为 10，完成阵列操作。

【倒圆角】命令选项说明：

多段线（P）： 选择多段线后，系统对多段线每个顶点进行倒圆角操作。

半径（R）： 设定圆角半径。若圆角半径为 0，则系统将使被修剪的两个对象交于一点。

修剪（T）： 指定倒圆角操作后是否修剪对象，如图 4-17 所示，为不修剪的倒圆角。

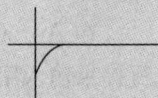

多个（M）： 可一次创建多个圆角。系统将重复提示"选择第一对象"和"选择第二对象"，直到用户按 Enter 键结束为止。

图 4-17　倒圆角

（8）三点画圆，如图 4-18 所示。

单击【绘图】工具栏中的 ⊘ 按钮，执行【圆】命令，系统提示：

命令：_circle 指定圆的圆心或[三点(3P)/两点(2P)/相切、相切、半径(T)]：3P
　　　　　　　　　　　　　　　　　//选择"三点"选项
指定圆上的第一个点：　　　　　　//选择任意正三角形靠近圆心的一个角点
指定圆上的第二个点：　　　　　　//选择第二个正三角形靠近圆心的一个角点
指定圆上的第三个点：　　　　　　//选择第三个正三角形靠近圆心的一个角点

（9）绘制内接圆的正五边形，如图 4-19 所示。

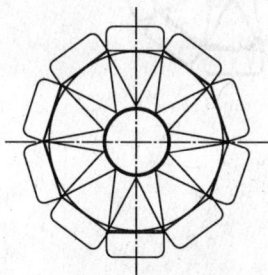

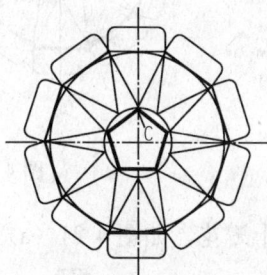

图 4-18　绘制圆　　　　　　　　图 4-19　绘制正五边形

单击【绘图】工具栏中的 ⬠ 按钮，执行【多边形】命令，系统提示：

命令：_polygon 输入边的数目 <4>：5　　　　//输入正多边形的边数
指定正多边形的中心点或[边(E)]：　　　　　// 单击圆心点
输入选项[内接于圆(I)/外切于圆(C)]<I>：　// 按 Enter 键，默认"内接于圆"选项
指定圆的半径：　　　　　　　　　　　//向上方捕捉圆周点 C

（10）复制十瓣花，如图 4-20 所示。

单击【修改】工具栏中的 ⬚ 按钮，执行复制命令，系统提示：

命令：_copy
选择对象：指定对角点：找到 28 个　　　//选择源对象图4-20(a)
选择对象：　　　　　　　　　　　　//按 Enter 键结束选择
当前设置：　复制模式 = 多个

指定基点或[位移(D)/模式(O)]<位移>：指定第二个点或 <使用第一个点作为位移
>：80

//单击源对象圆心，向右方追踪并输入距离值

指定第二个点或[退出(E)/放弃(U)]<退出>：　//按 Enter 键结束，结果如图4-20(b)所示

💡 注意

在 AutoCAD 中执行复制操作时，系统默认的复制是多次复制，此时根据命令行提示输入字母 O，即可设置复制模式为单个或多个。

对象复制的距离和方向操作：在屏幕上指定两点；以"@x，y"方式输入沿 x 轴、y 轴移动的距离；利用正交或极轴追踪功能，将实体沿 x 轴或 y 轴方向移动；选择"位移"选项，以"@x，y"方式或"@距离<角度"方式输入对象位移的距离和方向。

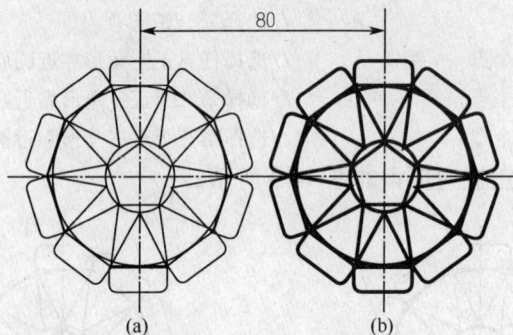

图 4-20　复制十瓣花

（11）缩放十瓣花，如图 4-21（a）所示。

单击【修改】工具栏中的 ▣ 按钮，执行【缩放】命令，系统提示：

命令：_ scale
选择对象：指定对角点：找到 28 个　　　　　//选择缩放对象十瓣花
选择对象：　　　　　　　　　　　　　　//按 Enter 键结束选择
指定基点：　　　　　　　　　　　　　　//单击圆心 E
指定比例因子或[复制(R)/参照(R)]<1.0000>：　0.5　　//输入比例因子

（12）缩放复制十瓣花，如图 4-21（b）所示。

单击【修改】工具栏中的 ▣ 按钮，执行【缩放】命令，系统提示：

命令：_ scale
选择对象：指定对角点：找到 28 个　　　　　//选择对象花朵图4-21(a)
选择对象：　　　　　　　　　　　　　　//按 Enter 键结束选择
指定基点：_ tt 指定临时对象追踪点：

//单击【对象捕捉】工具栏中的 🔑 按钮，单击圆心点 E 为基点
指定基点：100　　　　　　　　　　　　//输入值为 EF 距离值的2倍

指定比例因子或[复制(C)/参照(R)]<0.5000>: C //选择"复制"选项

缩放一组选定对象.

指定比例因子或[复制(C)/参照(R)]<0.5000>: //按 Enter 键,默认比值因子为0.5

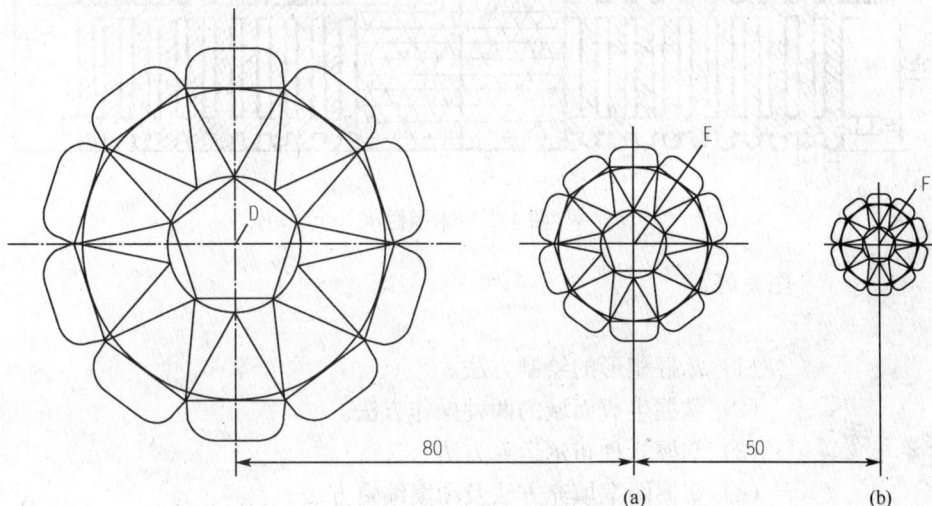

图 4-21 绽放十瓣花

【缩放】命令选项说明:

指定比例因子: 直接输入缩放比例因子,AutoCAD 根据此比例因子缩放图形。若比例因子小于 1,则缩小对象;否则,放大对象。

复制 (C): 缩放对象的同时复制对象。

参照 (R): 以参照方式缩放图形。用户输入参考长度及新长度,系统把新的长度与参考长度的比值作为缩放比例因子进行缩放。

点 (P): 使用两点来定义新的长度。

任务二 绘制矩形构成的平面图——木围栏

绘制如图 4-22 所示木围栏的平面图,学习矩形、面域、布尔运算及图案填充等命令的操作方法。

图形特点: 由直角、圆角及倒角 3 种形状的矩形所构成,并规律排列,可用矩形、镜像、阵列、面域及布尔运算命令绘制完成。

要点提示: 按位置要求分别绘制直角、圆角及倒角 3 个矩形;镜像对称的直角矩形;矩形阵列圆角、倒角矩形;将所有的矩形生成面域;进行布尔并集运算;绘制小门框及拉手小圆;进行图案填充及编辑操作;镜像绘制对称图形。

使用命令: 矩形、镜像、阵列、面域、布尔运算、填充图案及编辑

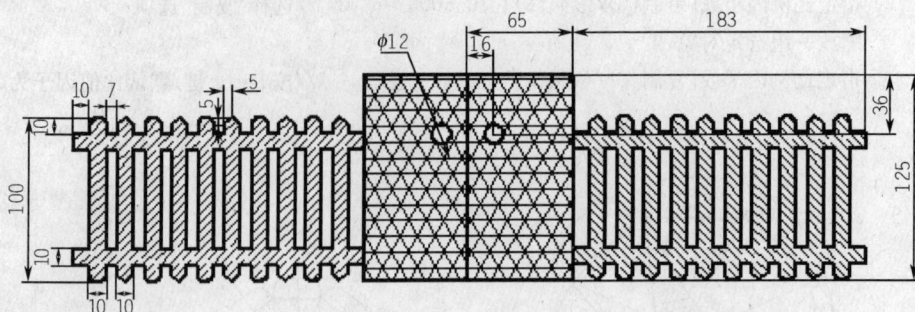

图 4-22   木围栏

图案等。

(1) 掌握矩形的绘制方法。
(2) 掌握生成面域的两种操作方法。
(3) 掌握 3 种布尔运算方法。
(4) 掌握图案填充方法及图案编辑方法。
(5) 掌握绘制多边形平面图的技巧。

一、操作流程图

操作流程如图 4-23 所示。

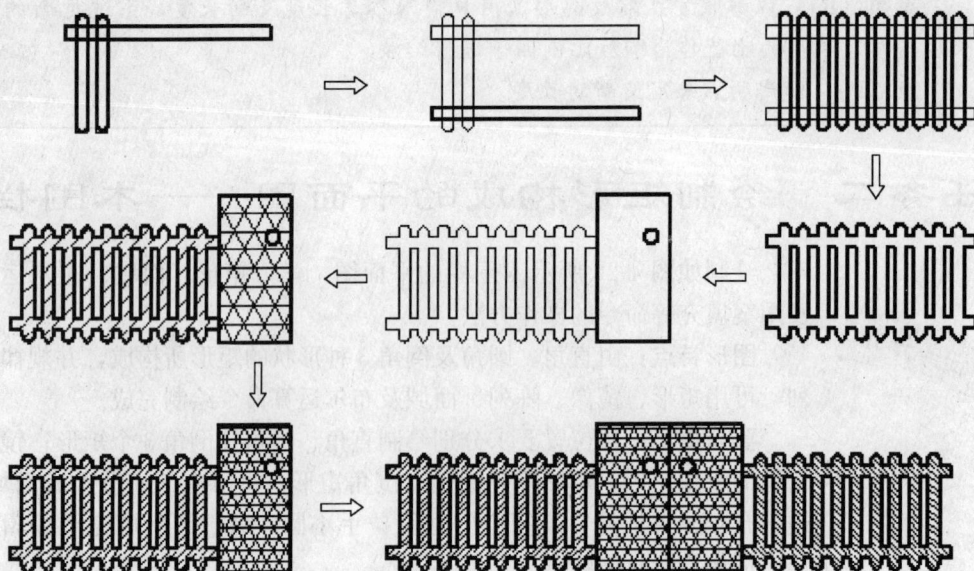

图 4-23   流程图

二、操作步骤

(1) 绘制直角、圆角及倒角矩形,如图 4-24 所示。

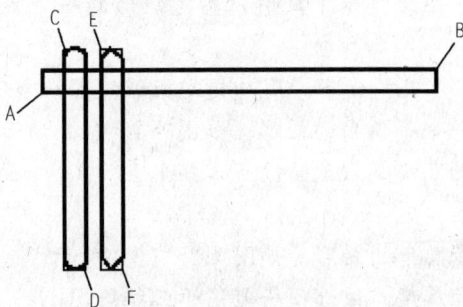

图 4-24 绘制 3 类矩形

1) 绘制直角矩形。

单击【绘图】工具栏中的 按钮,执行【矩形】命令,系统提示:

命令: _ rectang

指定第一个角点或[倒角(C)/标高(E)/圆角(F)/厚度(T)/宽度(W)]:

//任意单击一点为第一角点 A

指定另一个角点或[面积(A)/尺寸(D)/旋转(R)]: @183,10

//输入相对坐标值得第二角点 B

2) 绘制圆角矩形。

命令: _ rectang   //重复矩形命令

指定第一个角点或[倒角(C)/标高(E)/圆角(F)/厚度(T)/宽度(W)]: F //输入选项"圆角(F)"

指定矩形的圆角半径 <0. 0000>: 5   //输入圆角半径值

指定第一个角点或[倒角(C)/标高(E)/圆角(F)/厚度(T)/宽度(W)]: _ from 基点:<偏移>:

@10,20

//单击 按钮,单击基点 A,输入相对偏移坐标值得第一角点 C

指定另一个角点或[面积(A)/尺寸(D)/旋转(R)]: @10,-100

//输入相对坐标值得第二角点 D

3) 绘制倒角矩形。

命令: _ rectang   //重复矩形命令

当前矩形模式: 圆角 = 5. 0000

指定第一个角点或[倒角(C)/标高(E)/圆角(F)/厚度(T)/宽度(W)]: C

//选择"倒角"选项

指定矩形的第一个倒角距离 <5. 0000>:   //默认第一倒角距离值

指定矩形的第二个倒角距离 <5. 0000>:   //默认第二倒角距离值

指定第一个角点或[倒角(C)/标高(E)/圆角(F)/厚度(T)/宽度(W)]: _ from 基点:<偏移>:

@27,20

//单击 ![按钮] 按钮,单击基点 A,输入相对偏移坐标值得第一角点 E

指定另一个角点或[面积(A)/尺寸(D)/旋转(R)]:@10,-100 //输入相对坐标值得第二角点 F

【矩形】命令选项说明:

指定第一个角点:在此提示下,用户指定矩形的一个角点,拖动鼠标时,屏幕上显示出一个矩形。

指定另一个角点:在此提示下,用户指定矩形的另一个角点。

倒角 (C):绘制一个带倒角的矩形,如图 4-25 (a) 所示。

标高 (E):矩形的高度。默认情况下,矩形在 x、y 平面内。该选项一般用于三维绘图。

圆角 (F):绘制带圆角的矩形,如图 4-25 (b) 所示。

厚度 (T):矩形的厚度。该选项一般用于三维绘图。

宽度 (W):定义矩形的宽度,如图 4-25 (c) 所示。

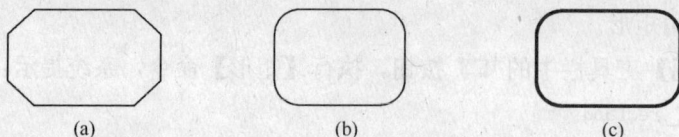

(a)   (b)   (c)

图 4-25　矩形的类型

(2) 镜像直角矩形,如图 4-26 所示。

命令:_ mirror
选择对象:指定对角点:找到 1 个　　　　　　　　　//选择直角矩形
选择对象:　　　　　　　　　　　　　　　　　　　　//按 Enter 键结束选择
指定镜像线的第一点:指定镜像线的第二点:　　　　　//L₁、L₂ 的中点
要删除源对象吗?[是(Y)/否(N)]<N>:　　　　　　　//按 Enter 键结束

(3) 选择倒角及圆角矩形进行矩形阵列,如图 4-27 所示。

启动【阵列】命令,设置【矩形阵列】对话框——行:1;列:5;行偏移:0;列偏移:34。

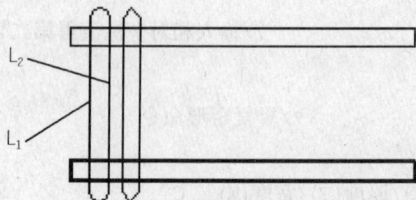

图 4-26　镜像直角矩形   图 4-27　阵列圆角及倒角矩形

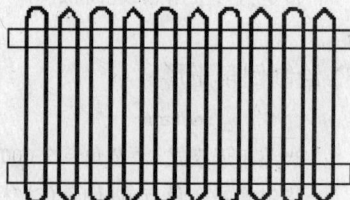

(4) 把所有的矩形转换成面域。

单击【绘图】工具栏中的 ![按钮] 按钮,执行【面域】命令,系统提示:

命令:_ region

选择对象: 指定对角点: 找到 12 个　　　　　　　　//窗选全部的矩形图形

选择对象:　　　　　　　　　　　　　　　　　　　//按 Enter 结束选择

已提取 12 个环.

已创建 12 个面域.

创建面域的方法:

（1）单击【绘图】工具栏中的 按钮，选择封闭图形构成的边，按 Enter 键，则转换成面域。

（2）单击菜单【绘图】/【边界】，弹出【边界创建】对话框，如图 4-28 所示。在【对象类型】下拉列表框中选择【面域】选项，单击【确定】按钮后，单击封闭图形内的任意一点，则转换成面域。

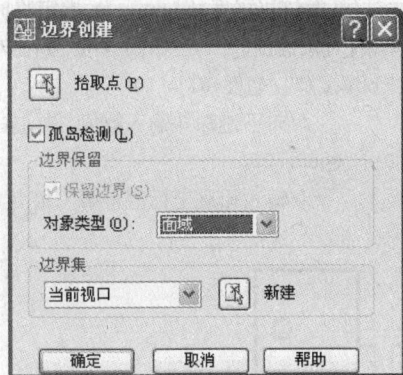

图 4-28 【边界创建】对话框

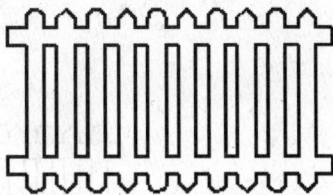

图 4-29 布尔并集运算

（5）完成布尔并集运算，如图 4-29 所示。

单击菜单【修改】/【实体编辑】/【 并集】，启动【布尔并集】命令，系统提示:

命令: _union

选择对象: 指定对角点: 找到 12 个　　　　　　　//窗选12个面域的矩形

选择对象:　　　　　　　　　　　　　　　　　　//按 Enter 键结束

三种布尔运算的说明:

并集运算: 单击菜单【修改】/【实体编辑】/【 并集】，将所有参与排版的面域合并为一个新面域，如图 4-30（a）所示。

差集运算: 单击菜单【修改】/【实体编辑】/【 差集】，从一个面域中去掉一个或多个面域，如图 4-30（b）所示（左面域减右面域）。

交集运算: 单击菜单【修改】/【实体编辑】/【 交集】，可以求出各个相交面域的公共部分，如图 4-30（c）所示。

（6）启动【矩形】命令，绘制小门，如图 4-31 所示。

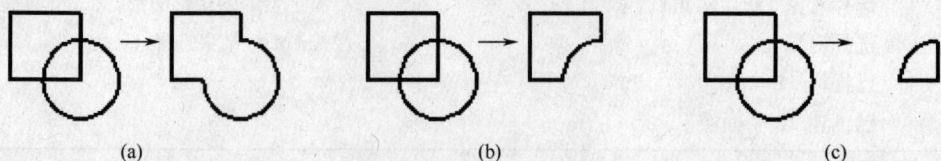

(a)   (b)   (c)

图 4-30   3 种布尔运算

```
命令: _rectang
当前矩形模式:    倒角 = 5.0000 x 5.0000
指定第一个角点或[倒角(C)/标高(E)/圆角(F)/厚度(T)/宽度(W)]: C
                                        //选择"倒角"选项
指定矩形的第一个倒角距离 <5.0000>: 0      //输入成为直角倒角的数值
指定矩形的第二个倒角距离 <5.0000>: 0      //输入成为直角倒角的数值
指定第一个角点或[倒角(C)/标高(E)/圆角(F)/厚度(T)/宽度(W)]: _tt 指定临时对象追
踪点:                              //单击【对象捕捉】工具栏中的 ▭ 按钮,单击 G 点
指定第一个角点或[倒角(C)/标高(E)/圆角(F)/厚度(T)/宽度(W)]: 10
                                  //向下追踪并输入数值,得门左下角点
指定另一个角点或[面积(A)/尺寸(D)/旋转(R)]: @65,125
                                  //输入相对坐标值得第二角点 H
```

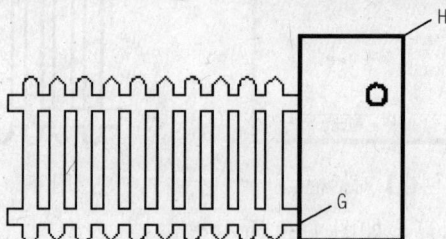

图 4-31   绘制小门

(7) 启动【圆】命令,绘制拉手小圆。

(8) 使用【填充】命令填充图案。

1) 单击【绘图】工具栏中的 ▨ 按钮,启动图案填充命令,系统弹出【图案填充和渐变色】对话框,如图 4-32 所示。

2) 单击【图案】下拉列表右边的 ⋯ 按钮弹出【填充图案选项板】对话框,选择 ANSI 选项卡,然后选择剖面线 ANSI31,如图 4-33 所示。

3) 单击【填充图案选项板】对话框中的 确定 按钮,返回【图案填充和渐变色】对话框,在【比例】文本框中输入"3"。

4) 单击 ▨ 按钮,返回绘图窗口。

5) 单击填充区域的任意点 N,如图 4-34 所示,然后按 Enter 键。

6) 单击 预览 按钮,观察填充的预览图。符合要求,单击鼠标右键,完成剖面图案的填充。不符合要求,按 Esc 键,返回【图案填充和渐变色】对话框,重新设定有关参数。

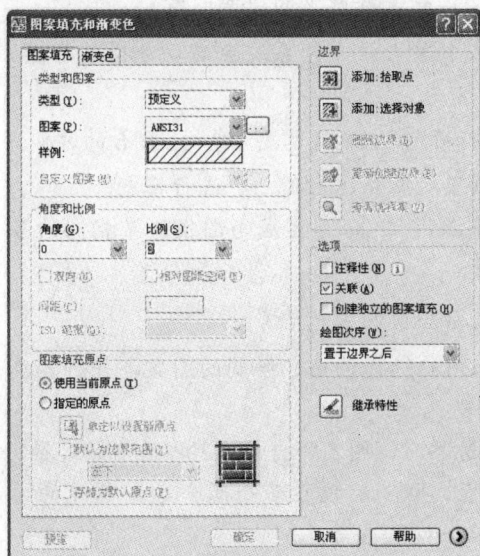

图 4-32 【图案填充和渐变色】对话框

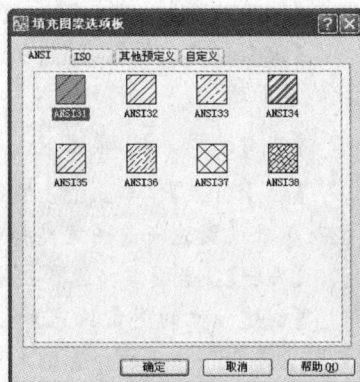

图 4-33 【填充图案选项板】对话框

同样，按上述的步骤，选择【填充图案选项板】/【其他自定义】/【NET3】，在【填充图案选项板】中的【比例】文本框中输入"5"，在需填充的区域中单击任意点M，完成小门的图案填充。

（9）编辑图案，如图 4-35 所示。

单击菜单【修改】/【对象】/【图案填充】，系统弹出【图案填充编辑】对话框（与【图案填充和渐变色】对话框相似），单击木栏杆的图案，把【比例】改为"1.5"，完成了木围栏填充图案的编辑。

双击小门的填充图案，启动编辑图案命令，系统弹出【图案填充编辑】对话框，把【比例】改为"3"，即完成小门填充图案的编辑。

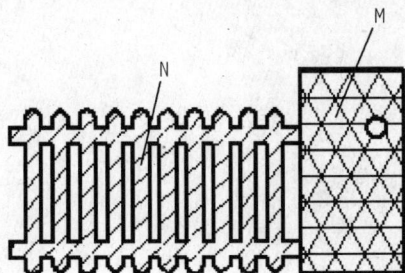

图 4-34 填充剖线

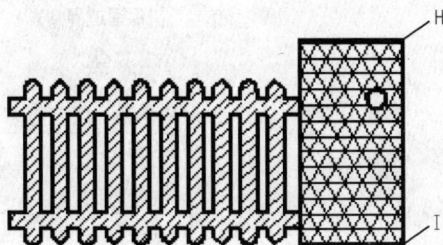

图 4-35 编辑填充剖线

【图案填充和渐变色】对话框的常用选项如下。

【图案】：通过其下拉列表或右边的 ⬜ 按钮选择所需的填充图案。

【拾取点】：单击 🔲 按钮，在填充区域中单击一点，系统会自动分析边界集，并从中确定包围该点的闭合边界。

【选择对象】：单击 🔲 按钮，选择对象进行填充，此时不需要对象构成闭合的边界。

【删除边界】：单击 🔲 按钮，选择要删除的孤岛，对孤岛也进行填充。

【重新创建边界】：编辑填充图案时，可以用 🔲 工具生成与图案边界相同的多段线或面域。

【查看选择集】：单击 🔍 按钮，系统显示当前的填充边界。

【继承特性】：单击 🔲 按钮，系统要求用户选择某个已绘制的图案，并将其类型及属性设置为当前图案类型及属性。

【关联】：若图案与边界相关联，则修改边界时，图案将自动更新以适应新边界。

【创建独立的图案填充】：选中此复选框，则一次性在多个闭合边界创建的填充图案是各自独立的，否则，这些对象是单一对象。

单击右下角的 ⊙ 按钮，将展开【孤岛】对话框，如图 4-36 所示。在进行图案填充时，通常将位于一个已定义好的填充区域内的封闭区域称为孤岛。在填充区域内有如文字、公式以及封闭的图形等特殊对象时，可以利用孤岛操作的 3 种方式，即"普通"、"外部"及"忽略"对这些对象断开填充或全部填充。

图 4-36　【孤岛】对话框

（10）启动【镜像】命令，以 H、I 为镜像线的两点，完成对称图形的绘制，如图 4-23 所示。

项目小结

本项目主要内容如下。

（1）用矩形命令创建矩形。操作时，可设定是否在矩形的 4 个角点处形成圆角或倒角。

（2）用多边形命令生成正多边形，该多边形的倾斜方向可以通过输入顶点的坐标来控制。

（3）用填充命令绘制剖面图案。启动命令后，AutoCAD 打开【图案填充与渐变色】对话框，该对话框中的【角度】选项用于控制剖面图案的旋转角度，【比例】选项用于控制剖面图案的疏密程度。

（4）面域造型法。这种方法与传统作图法不一样，是通过域的布尔运算来造型。在图形形状很不规则或边界曲线较复杂时，采用这种方式构造图形能带来很高的绘图效率。

动手练习

（1）用多边形命令绘制如图 4-37 所示的平面图形。

（2）绘制如图 4-38 所示的环保标志图案（主要命令：多边形、阵列、圆角及图案填充）。

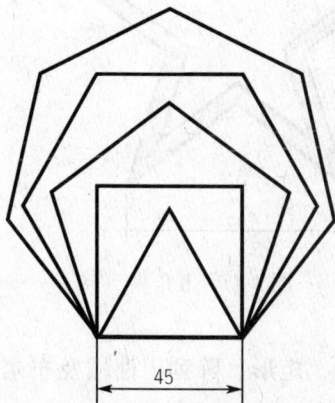

图 4-37　平面图形

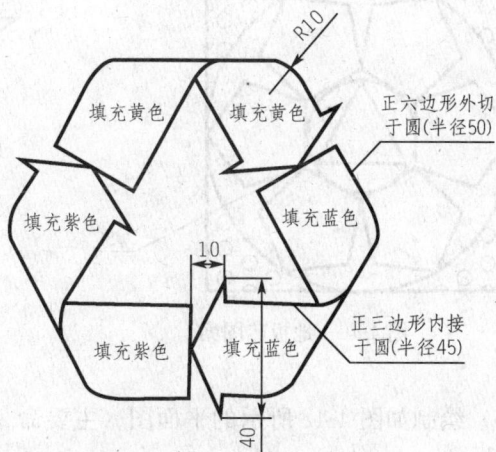

图 4-38　环保标志图案

（3）绘制如图 4-39 所示的扑克牌梅花 3（主要命令：多边形、圆、圆弧、复制、缩放、镜像、矩形及样条曲线）。

（4）绘制如图 4-40 所示的地板砖图案（主要命令：圆形、多边形、阵列及填充）。

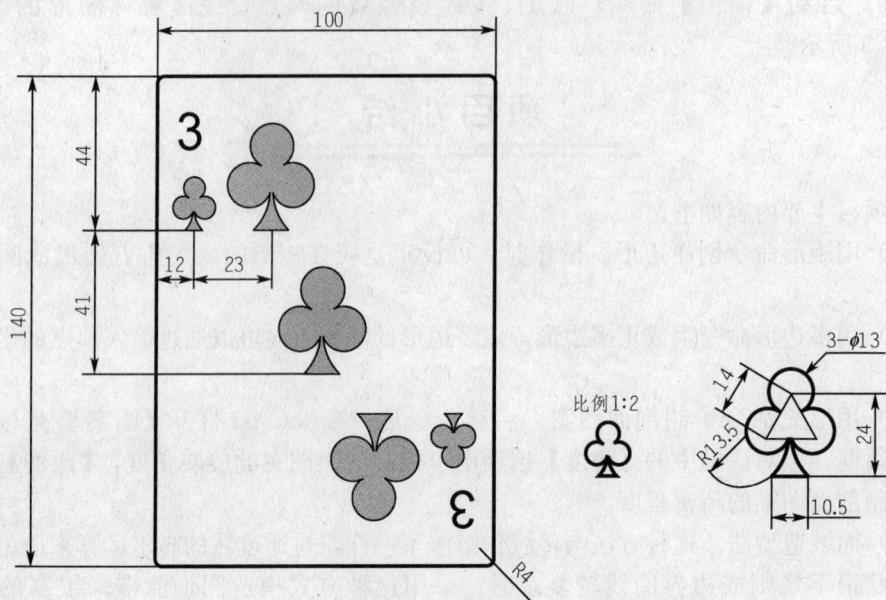

图 4-39　扑克牌梅花 3

（5）绘制如图 4-41 所示的五角星（主要命令：多边形、直线、修剪、偏移、填充）。

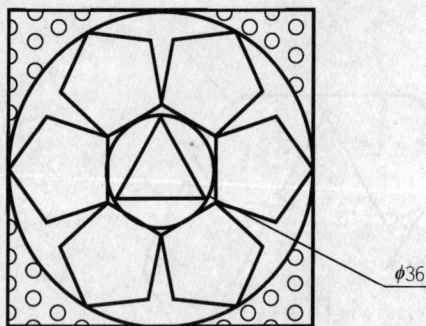

图 4-40　地板砖图案

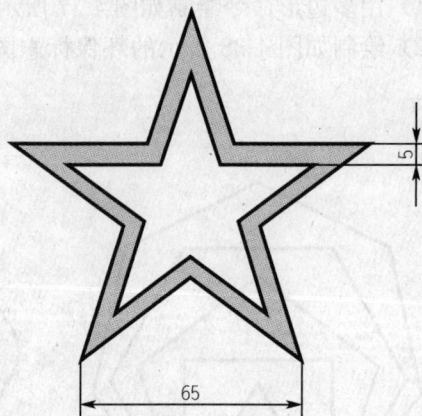

图 4-41　五角星

（6）绘制如图 4-42 所示的平面图（主要命令：圆、矩形、阵列、面域及布尔差集运算）。

（7）绘制如图 4-43 所示的平面图（主要命令：矩形、阵列、镜像、面域及布尔并集运算）。

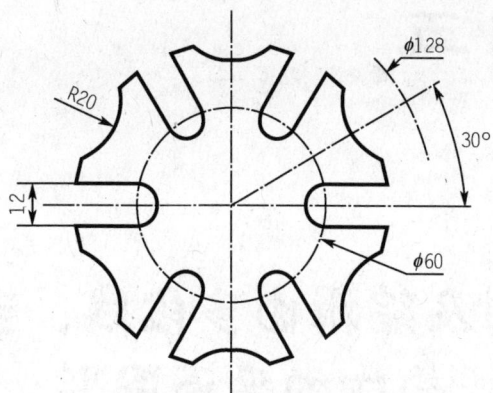

图 4-42　平面图

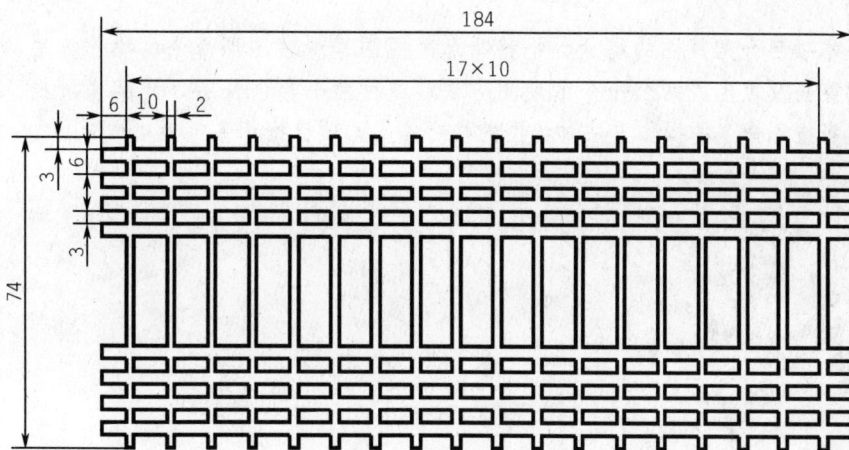

图 4-43　平面图

项目五

绘制及编辑由多段线、多线构成的平面图形

本项目介绍视图的缩放、平移及鸟瞰视图等观察图形命令的操作方法，还介绍重画及重生成两个命令的使用方法。通过两个实训任务，介绍多段线、圆环及多线等命令的操作方法和绘图的技巧等。本项目推荐课时为 4 学时。

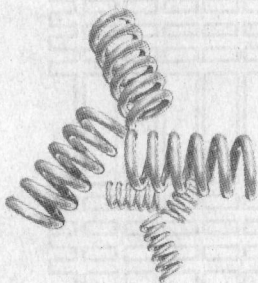

知识目标

（1）显示图形。
（2）绘制多段线。
（3）创建圆环。
（4）创建多线。

能力目标

（1）掌握显示图形的方法，能熟练使用这些方法来观察图形。
（2）掌握绘制多段线的方法。
（3）绘制由直线、圆弧构成的闭合多段线。
（4）熟练绘制圆环及实心圆环的方法。
（5）掌握创建多线样式的方法。
（6）熟练绘制多线图形。

知 识 链 接

一、视图缩放

用户在绘制和编辑图形时，有必要对所绘制和编辑的图形进行缩放或平移显示，以便在有限的视窗内按照用户期望的比例和范围显示图形，既能清楚地观察和处理图形的局部细节，又能总览图形的布局和整体结构，达到理想的视觉效果。

缩放命令对图形进行放大或缩小显示，而图形的实际尺寸和实际位置保持不变。

1．缩放命令的调用

（1）单击菜单【视图】／【缩放】，选择一个子菜单项，如图 5-1 所示。

（2）在没有选定对象的前提下，在绘图区域右击，再在弹出的快捷菜单中选择【缩放】选项。不过在不同的操作状态下，快捷菜单的其他内容有所不同。

（3）单击【标准】工具栏或【缩放】工具栏中相应的图标，如图 5-2 和图 5-3 所示。

（4）命令行：ZOOM（或命令缩写 Z）。

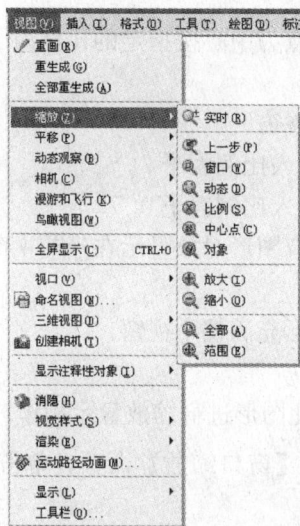

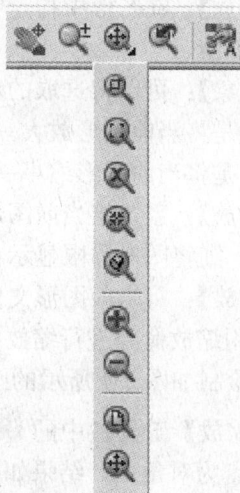

图 5-1　【缩放】菜单　　　　　　　图 5-2　【标准】工具栏中相应图标

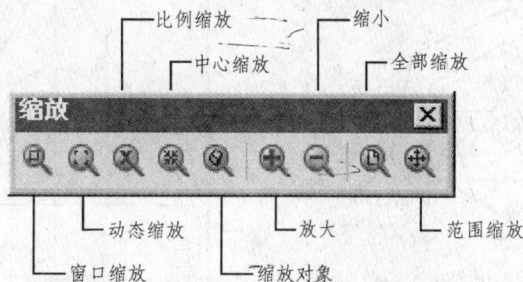

图 5-3　【缩放】工具栏中相应图标

2. 缩放命令的功能

（1）【窗口缩放】：指定一个矩形窗口，把窗口内的图形放大到全屏，可以用矩形来选择想观看的图形区域。

（2）【动态缩放】：输入命令后，系统将全部图形显示出来，以动态方式在屏幕上建立窗口，此时屏幕上会出现3个视图框。

1）蓝色虚线框表示的是图形界限的大小。

2）绿色虚线框表示的是当前屏幕区。

3）黑色实线框表示的是选取窗口，它可以改变大小及位置，中心有"×"标记。在操作时，实线框的位置和大小由"×"和"→"来控制，按回车键或空格键确定选择框。

（3）【比例缩放】：输入的数值作为比例因子，它适用于整个图形界限内的区域。比例因子为1时，显示整个视图，它由图形界限确定。如果输入的比例因子小于1，则系统以原图尺寸缩小n倍。若输入的比例因子为nX，则系统将当前显示尺寸缩放n倍。若输入的比例因子为nXP，这是相对于图纸空间缩放图形。该命令也可以输入S来执行。

（4）【中心缩放】：在图形中指定中心点，以此点为中心按指定的比例因子或指定的窗口高度来缩放视窗。

（5）【缩放对象】：可以将选取的对象充满整个视窗。

（6）【放大】是将当前图形放大一倍，相当于输入比例因子2。

（7）【缩小】是将当前图形缩小一半，相当于输入比例因子0.5。

（8）【全部缩放】：系统将当前图形文件中的所有图形对象显示在当前视窗，若图形未超出图形界限，则将图形界限显示在当前视窗。

（9）【范围缩放】：将当前图形文件中的所有圆形充满整个视窗。

【案例5-1】用缩放命令进行缩放对象。

自定尺寸，绘制如图5-4所示的图形，然后对此图形进行缩放显示操作。

（1）单击【缩放】工具栏中的 🔍 按钮，启动【窗口缩放】命令，单击A点为第一角点，单击B点为对角点，结果如图5-5所示。

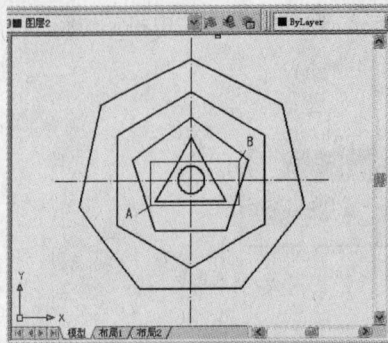

图5-4 项目五/素材/1-1.dwg　　　图5-5 【窗口缩放】图形

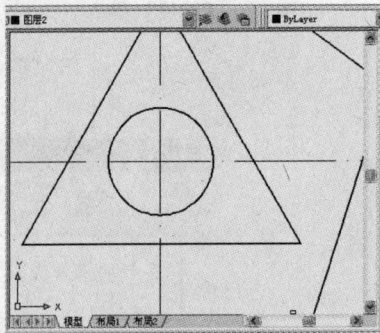

（2）单击【缩放】工具栏中的 🔍 按钮，输入【缩放对象】命令，单击对象圆，如图 5-6 所示。

（3）单击【缩放】工具栏中的 🔍 按钮，启动【范围缩放】命令，结果如图 5-7 所示。

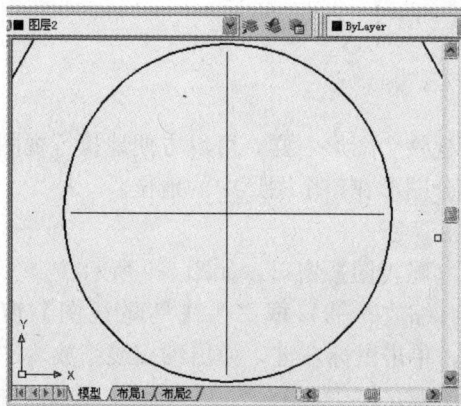

图 5-6 【缩放对象】图形

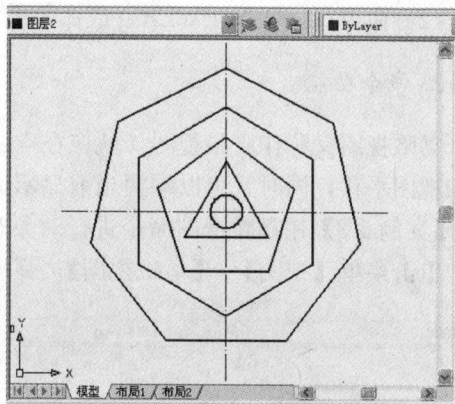

图 5-7 【范围缩放】图形

二、视图平移

1. 命令调用

（1）单击菜单【视图】/【平移】/选择一个子菜单项，如图 5-8 所示。

（2）在没有选定对象的前提下，在绘图区域右击，再在弹出的快捷菜单中选择【平移】选项。

（3）单击【标准】工具栏中的 ✋ 按钮。

（4）命令行：PAN。

2. 命令功能

使用 PAN（视图平移）命令可以移动视图的位置，使视图之外的图形可以在不改变显示比例的情况下移动到视图中来，与操作窗口滚动条的效果相当。该命令只改变显示效果，不改变图形中对象的实际位置或放大比例。

【案例 5-2】用移动命令对如图 5-7 所示的图形进行移动显示操作。

单击【标准】工具栏中的 ✋ 按钮，十字光标变成小手图形，按住鼠标左键，则可上、下、左、右拖动鼠标，带动视图上、下、左、右移动，这是平移命令默认的实时平移。单击鼠标右键，在屏幕上弹出快捷菜单，选择"退出"或按 Esc 或 Enter 键，结束视图的平移操作。

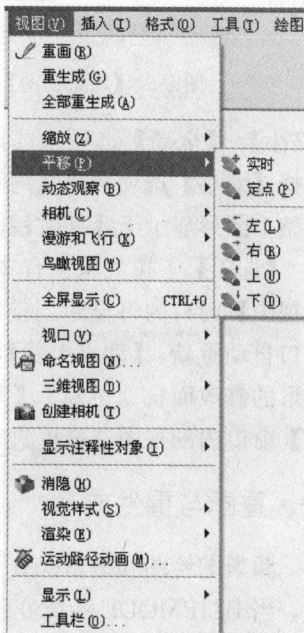

图 5-8 【平移】菜单

三、鸟瞰视图

1. 命令调用

（1）单击菜单【视图】/【鸟瞰视图】。

（2）命令行：DSVIEWER（或命令缩写 AV）。

2. 命令功能

鸟瞰视图又称作鹰眼视图，就像在空中俯视整个图形一样，可以方便地执行视图缩放和视图平移，同时又可以掌握当前显示的部分图形在整个图形中的地位。

【案例 5-3】用鸟瞰视图命令进行对象观察。

单击菜单【视图】/【鸟瞰视图】，弹出【鸟瞰视图】窗口，如图 5-9 所示。

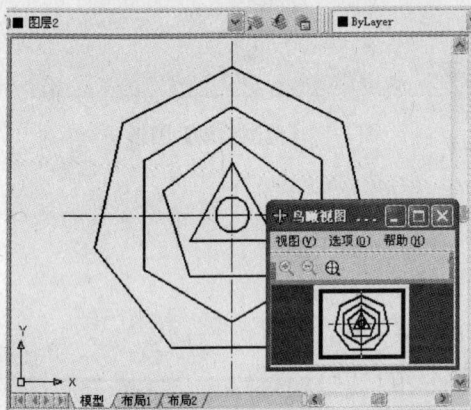

图 5-9 【鸟瞰视图】窗口

缩放、平移框：在【鸟瞰视图】窗口中，单击鼠标左键，弹出细实线缩放、平移矩形框，在中心有"×"标记，移动鼠标，完成实时平移操作；单击鼠标左键，在该框的右侧边界处出现"→"标记，移动鼠标，改变矩形框的大小，视图大小也随着框的变化而变化。可观察图形的局部细节，也可把握细节部分在整个图形的位置，按 Enter键，完成缩放操作。

当前显示范围框：粗黑实线框，显示当前图形显示范围。

【视图】下拉菜单：包含有【放大】、【缩小】、【全局】选项。选择【放大】选项，将【鸟瞰视图】窗口内的图形放大一倍；选择【缩小】选项，将【鸟瞰视图】窗口内的图形缩小 1/2；选择【全部】选项，重新将整个图形显示于【鸟瞰视图】窗口内。

【选项】下拉菜单：有 3 个选项，【自动视口】用于多视窗设置，选择该项后，【鸟瞰视图】窗口内将显示当前活动视图，当主视窗的当前活动视图变化时，【鸟瞰视图】窗口自动更新；【动态更新】，选择该项后，【鸟瞰视图】窗口的图形会随绘图区中相应图形的修改而自动更新；【实时缩放】，选择该项后，绘图区内的图形会随着【鸟瞰视图】窗口内的视图选择框进行动态的缩放和平移。

四、重画与重生成

频繁的绘图和编辑操作可能会在绘图区域留下一些残留光标点或图形的残迹，而且，当 BLIPMODE 系统变量的值设置为 1 时，将显示点标记。它们都不是图形的组成部分，删除命令不能将其删除，它们的存在，将影响图形的清晰性，妨碍用户对视图的观察与操作，使用重画与重生成命令可以清除它们。

1. 重画

（1）命令调用。

单击菜单【视图】/【重画】。

命令行：PEDRAW（或命令缩写 P）或 REDRAWALL（刷新全部视窗内的图形）。

（2）命令功能。

系统将在显示内存中更新屏幕，消除临时标记。

2. 重生成

（1）命令调用。

单击菜单【视图】/【重生成】。

输入命令：REGEN（或命令缩写 RE）或 REGENALL（重新生成所有视窗内的图形）。

（2）命令功能。

在当前视图中重新计算所有对象的屏幕坐标并且重生成整个图形，还重新创建图形数据库索引，从而优化显示和对象选择的性能。

五、认识相关命令

1. 命令的执行方式

命令的常用执行方式有 3 种，如表 5-1 所示。

表 5-1　命令常用的 3 种执行方式

执行方式	命 令		
	多段线	圆环	多线
命令行	PLINE	DONUT	MLINE
菜单栏	绘图/多段线	绘图/圆环	绘图/多线
工具栏	绘图/ ⮌		

2. 命令的功用

多段线——多段线命令用来创建二维多段线。多段线是由直线段和圆弧线段构成的连续线条，它是一个单独的图形对象，不能分别编辑。

圆环——圆环命令可创建填充圆环或实心填充圆。

多线——多线命令用来创建多线，多线是由多条平行直线组成的图形对象。绘制时，用户可以通过选择多线样式来控制其外观。多线样式中规定了各平行线的特性，如线型、线间距、颜色等。

任务一　绘制及编辑多段线图形
——孔雀花盆景

任务分析

绘制如图 5-10 所示的孔雀花盆景，学习多段线、圆环等命令的操作方法。

图形特点：孔雀花茎由粗变细尖，呈圆弧形状向外伸展；孔雀花内部为实心圆环，外部为空心圆环；花盆上半部由实心的矩形组成，下半部由实心的梯形组成。

要点提示：根据孔雀花的特点，用多段线命令的圆弧选项绘制花茎；用圆环命令绘制孔雀花的实心圆环和空心圆环；用多段线直线选项绘制由等宽直线及不等宽直线构成的花盆。

使用命令：多段线、圆环。

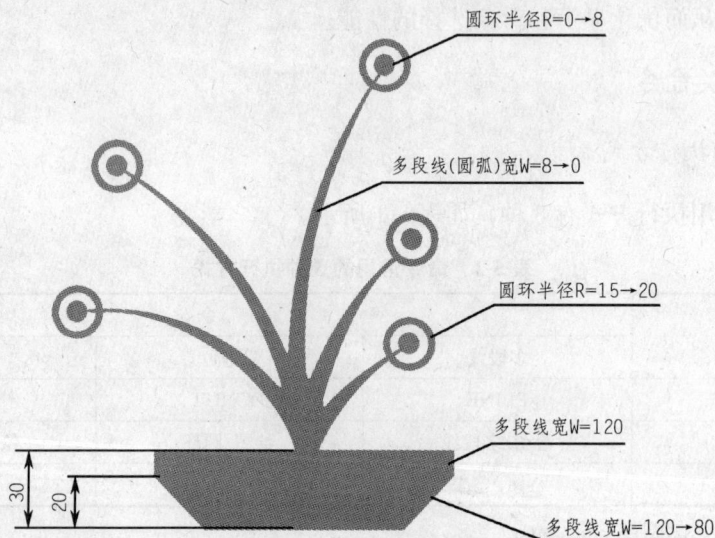

圆环半径R=0→8

多段线(圆弧)宽W=8→0

圆环半径R=15→20

多段线宽W=120

多段线宽W=120→80

图 5-10　孔雀花盆景

任务目标

(1) 掌握用多段线命令绘制等宽直线的方法。
(2) 掌握用多段线命令绘制不等宽直线的方法。
(3) 掌握用多段线命令绘制等宽及不等宽弧线的方法。
(4) 掌握用圆环命令绘制实心圆环及空心圆环的方法。

一、操作流程图

操作流程如图 5-11 所示。

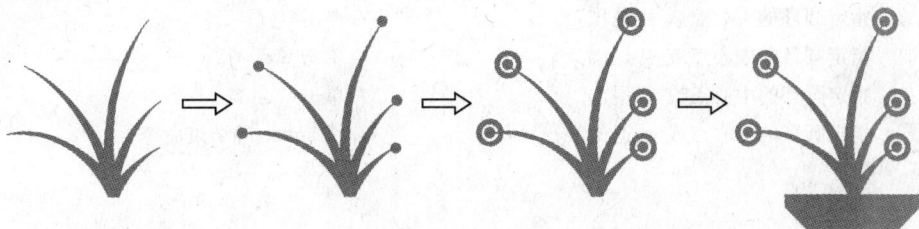

图 5-11 流程图

二、操作步骤

（1）打开极轴追踪、对象捕捉及对象追踪功能，设定对象捕捉常用的模式点。

（2）设定绘图区域大小为 200×200，单击【标准】工具栏中的 按钮，使绘图区域充满整个图形窗口显示。

（3）用多段线命令绘制孔雀花茎，如图 5-12 所示。

单击【绘图】工具栏中的 按钮，执行多段线命令，系统提示：

```
命令: _pline
指定起点:                                              //单击任意一点 O
当前线宽为 0.0000
指定下一个点或[圆弧(A)/半宽(H)/长度(L)/放弃(U)/宽度(W)]: W  //选择"宽度"选项
指定起点宽度 <0.0000>: 8                                //输入多段线起点的宽度值
指定端点宽度 <8.0000>: 0                                //输入多段线端点的宽度值
指定下一个点或[圆弧(A)/半宽(H)/长度(L)/放弃(U)/宽度(W)]: A  //选择"圆弧"选项
指定圆弧的端点或
[角度(A)/圆心(CE)/方向(D)/半宽(H)/直线(L)/半径(R)/第二个点(S)/放弃(U)/宽度(W)]:S
                                                       //选择"第二个点"选项
指定圆弧上的第二个点:                                    //单击点 A
指定圆弧的端点:                                          //单击点 B
指定圆弧的端点或
[角度(A)/圆心(CE)/闭合(CL)/方向(D)/半宽(H)/直线(L)/半径(R)/第二个点(S)/放弃(U)/
宽度(W)]                                                //按 Enter 键结束
```

同样，继续绘制其他 4 条花茎。

（4）用圆环命令绘制孔雀花。

1）绘制实心的花蕊，如图 5-13 所示。

单击菜单【绘图】/【圆环】，系统提示：

命令: _donut

指定圆环的内径 <0.5000>: 0   //输入圆环的内径值

指定圆环的外径 <1.0000>: 8   //输入圆环的外径值

指定圆环的中心点或 <退出>:   //单击 B 点

指定圆环的中心点或 <退出>:   //单击 C 点

指定圆环的中心点或 <退出>:   //单击 D 点

指定圆环的中心点或 <退出>:   //单击 E 点

指定圆环的中心点或 <退出>:   //单击 F 点

指定圆环的中心点或 <退出>:   //按 Enter 键结束命令

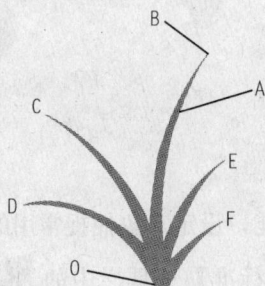

图 5-12 孔雀花茎   图 5-13 实心的花蕊

2）用圆环命令绘制空心的花环，如图 5-14 所示。

重复圆环命令。

命令: _donut

指定圆环的内径 <0.0000>: 15   //输入圆环的内径值

指定圆环的外径 <8.0000>: 20   //输入圆环的外径值

指定圆环的中心点或 <退出>:   //单击 B 点

指定圆环的中心点或 <退出>:   //单击 C 点

指定圆环的中心点或 <退出>:   //单击 D 点

指定圆环的中心点或 <退出>:   //单击 E 点

指定圆环的中心点或 <退出>:   //单击 F 点

指定圆环的中心点或 <退出>:   //按 Enter 键结束命令

（5）用多段线命令绘制花盆，如图 5-15 所示。

命令: _pline

指定起点: //单击 O 点

当前线宽为 0.0000

指定下一个点或[圆弧(A)/半宽(H)/长度(L)/放弃(U)/宽度(W)]: W

                                                   //选择"宽度(W)"选项

指定起点宽度 <0.0000>: 120   //输入多段线起点的宽度值

指定端点宽度 <120.0000>:   //按 Enter 键默认该值为多段线端点的宽度值

指定下一个点或[圆弧(A)/半宽(H)/长度(L)/放弃(U)/宽度(W)]: 10

                                                   //向下拖动鼠标并输入多段线长度值

指定下一点或[圆弧(A)/闭合(C)/半宽(H)/长度(L)/放弃(U)/宽度(W)]：W

//选择"宽度(W)"选项

指定起点宽度 ＜120.0000＞：　　　　　　　　//按 Enter 键默认该值为多段线起点的宽度值

指定端点宽度 ＜120.0000＞：80　　　　　　　//输入多段线端点的宽度值

指定下一点或[圆弧(A)/闭合(C)/半宽(H)/长度(L)/放弃(U)/宽度(W)]：20

//向下拖动鼠标并输入多段线长度值

指定下一点或[圆弧(A)/闭合(C)/半宽(H)/长度(L)/放弃(U)/宽度(W)]：

//按 Enter 键结束命令

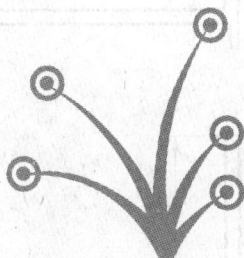

图 5-14　空心的花环　　　　　　　　　图 5-15　花盆

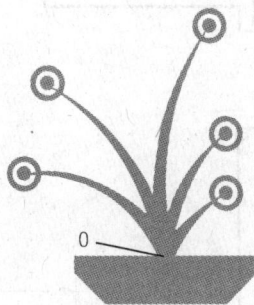

【多段线】命令选项说明：

圆弧 (A)：使用此选项可以画圆弧。

闭合 (C)：此选项可以使多段线闭合。

半宽 (H)：该选项使用户可以指定本段多段线的半宽度，即线宽的一半。

长度 (L)：系统将以前一条线段的端点为下一线段的起点，按输入的长度值绘制直线段。

当前一条线段为直线时，绘制的直线段与其方向相同；当前一条线段为圆弧时，绘制的直线段与该弧相切。

放弃 (U)：删除多段线中最后一次绘制的直线段或圆弧段。

宽度 (W)：设置多段线的宽度，此时系统命令行将提示"指定起点宽度"和"指定端点宽度"，用户可以输入不同的起始宽度和终点宽度值，以绘制一条宽度逐渐变化的多段线。

任务二　绘制及编辑多线图形——建筑墙体

任务分析

绘制如图 5-16 所示的建筑墙体的图形，学习多线命令的操作方法。

图形特点：建筑墙体是由两种比例不同的多线构成，多线的起点与端点的封口为直线。通过多线命令和多线编辑命令完成此图的绘制。

　　要点提示：根据要求设置多线样式，按照图纸上的尺寸绘制及编辑厚度为"3"及"2"的建筑墙体。

　　使用命令：多线、多线编辑等。

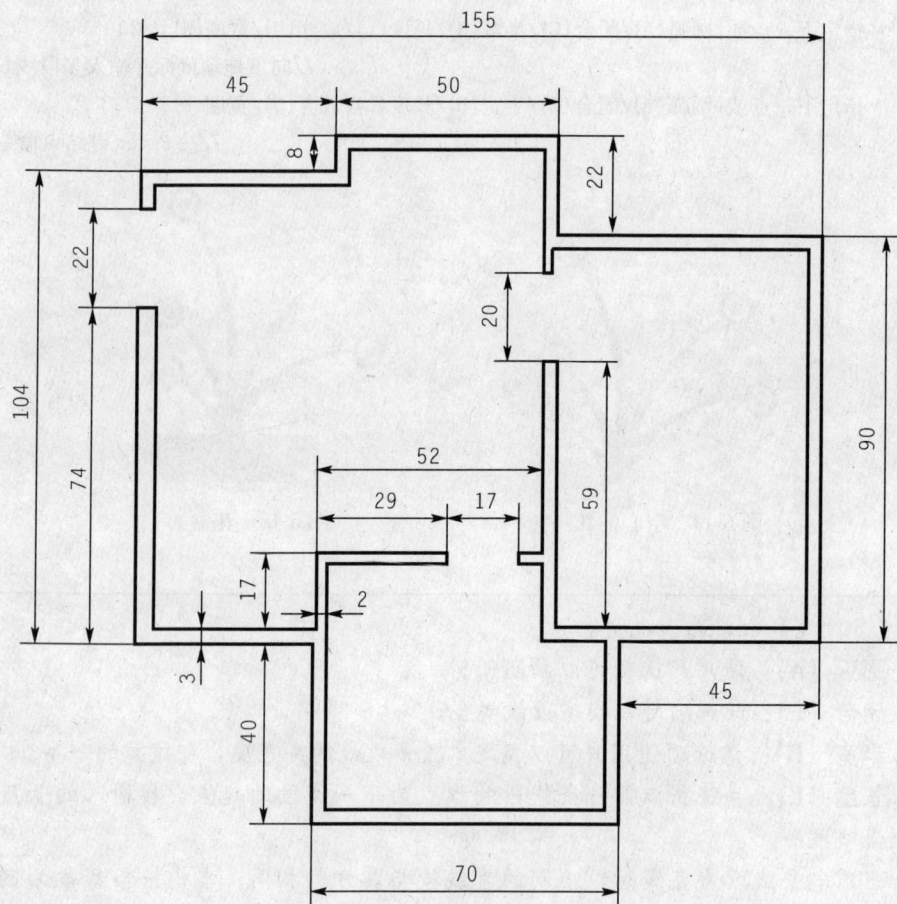

图 5-16　建筑墙体

（1）掌握多线样式的设置方法。

（2）掌握多线命令的操作方法。

（3）掌握多线编辑命令的操作方法。

任务目标

一、操作流程图

　　操作流程如图 5-17 所示。

任务实施

二、操作步骤

　　（1）设置多线样式。

1）单击菜单【格式（O）】/【多线样式（M）】，系统弹出【多线样式】对话框，如

图 5-17　流程图

图 5-18 所示。

2）单击【多线样式】对话框中的 [新建(N)...] 按钮，弹出【创建新的多线样式】对话框，如图 5-19 所示。

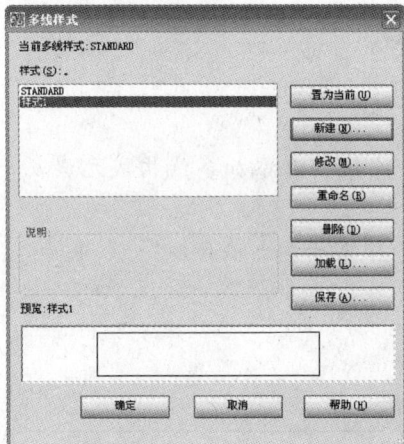

图 5-18　【多线样式】对话框

图 5-19　【创建新的多线样式】对话框

3）在【新样式名】文本框内输入新样式名"样式 1"，单击 [继续] 按钮，弹出【新建多线样式：样式 1】对话框，如图 5-20 所示。

4）选择【新建多线样式：样式 1】/【图元】/【直线（L）】起点及端点文本框；选择【直线（L）】起点及端点文本框。

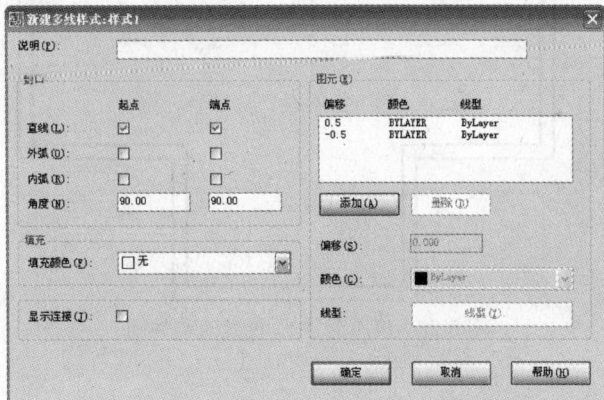

图 5-20　【新建多线样式：样式 1】对话框

5）观察【预览：样式 1】效果图，如图 5-18 所示。

6）单击 置为当前(U) 按钮。

7）单击 确定 按钮，完成多线样式的设置操作。

【新建多线样式】对话框中各选项说明：

【封口】：设置多线的平行线段之间两端封口的样式，有直线封口、外弧封口及内弧封口，如图 5-21 所示。

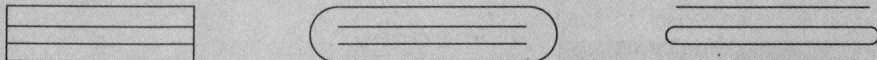

图 5-21　多线封口的样式

【填充】：设置封闭的多线内的填充颜色。

【显示连接】：显示或隐藏每条多线线段顶点处的连接。

【图元】：构成多线的元素，通过单击【添加】按钮可以添加多线构成元素，也可以通过单击【删除】按钮删除这些元素。

【偏移】：设置多线元素从中线的偏移值，"＋"值表示向上偏移，"－"表示向下偏移。

【颜色】：设置组成多线元素的直线线条颜色。

【线型】：设置组成多线元素的直线线条线型。

（2）绘制墙厚为 3 的建筑墙体图，如图 5-22 所示。

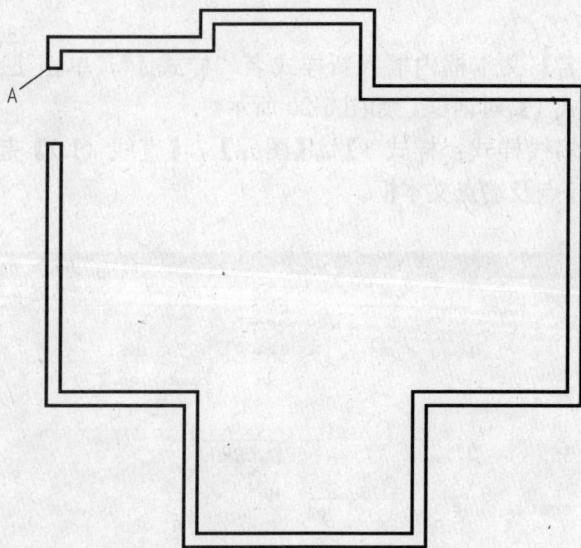

图 5-22　墙厚为"3"的建筑墙体图

单击菜单栏【绘图】/【多线】命令，系统提示：

```
命令：_mline
当前设置：对正＝上，比例＝20.00，样式＝样式1
```

指定起点或[对正(J)/比例(S)/样式(ST)]: J　　//选择"对正(J)"选项
输入对正类型[上(T)/无(Z)/下(B)] <下>: T　　//选择"上(T)"选项
当前设置: 对正=下,比例=20.00,样式=样式1
指定起点或[对正(J)/比例(S)/样式(ST)]: S　　//选择"比例(S)"选项
输入多线比例 <20.00>: 3　　//输入比例数值
当前设置: 对正=上,比例=3.00,样式=样式1
指定起点或[对正(J)/比例(S)/样式(ST)]:
指定下一点:8　　//单击A点,向上追踪并输入追踪距离
指定下一点或[放弃(U)]: 45　　//向右追踪并输入追踪距离
指定下一点或[闭合(C)/放弃(U)]: 8　　//向上追踪并输入追踪距离

按照这样的方式将按尺寸将全图绘制完成,最后按 Enter 键结束。

（3）绘制墙厚为 2 的建筑墙体部分,如图 5-23 所示。

用菜单栏方式输入多线命令,选择"对正（J）"选项中的上选项;选择"比例（S）"选项,输入多线比例"2",分别从图 5-23 的 B 点及 C 点绘制墙厚为 2 的建筑墙体。

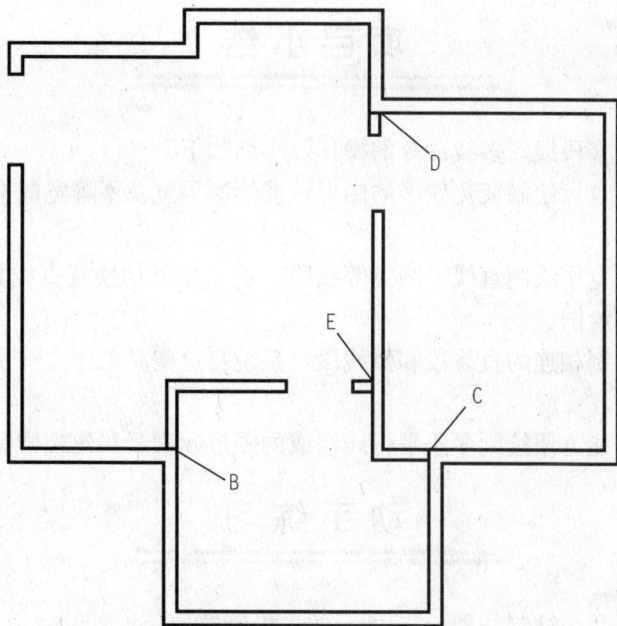

图 5-23　部分墙厚为"2"的建筑墙体

（4）编辑多线。

单击【修改】/【对象】/【多线（M）】,弹出多线编辑工具对话框,如图 5-24 所示,分别单击"T 形合并"及"T 形打开",编辑图 5-23 所示的 B、C、D 及 E 处的多线交接处,完成所需绘制的图形,如图 5-16 所示。

多线绘制完成后，可以根据不同的需要进行编辑，除了使用多线编辑命令进行编辑，也可使用【炸开】、【修剪】及【删除】等方式编辑多线。

图 5-24　【多线编辑工具】对话框

项目小结

本项目学习了多段线、多线命令的操作，小结如下。

（1）多段线命令可绘制变化较多的图形，能绘制等宽及不等宽的直线和弧线，形成所需要的特殊图形。

（2）多段线可直接绘制直线、圆弧等线段，不用反复切换【直线】、【圆弧】命令，方便用户进行操作绘图。

（3）多段线绘制相连的直线段和弧线段，系统将这些对象作为一个整体来处理，不能分别编辑。

（4）多线命令能方便绘制多条平行线组成的图形元素，在建筑样图中应用广泛。

动手练习

（1）用多段线命令绘制如图 5-25 所示的二极管符号。

（2）用多段线命令绘制如图 5-26 所示的平面图形。

（3）用多段线、圆环及阵列命令绘制如图 5-37 所示的小花盆。

多段线宽=40→0   多段线宽W=40

多段线宽W=1   多段线宽W=1

80   40   60

4

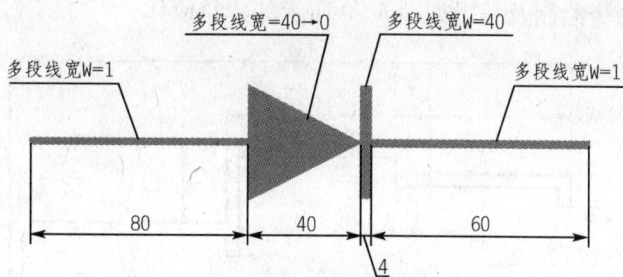

图 5-25 二极管符号

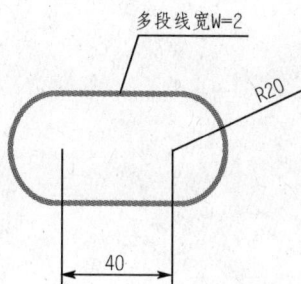

圆环半径R=0→10

多段线(圆弧)宽W=3

多段线宽W=2

R20

多段线宽W=3

30

40

图 5-26 平面图形

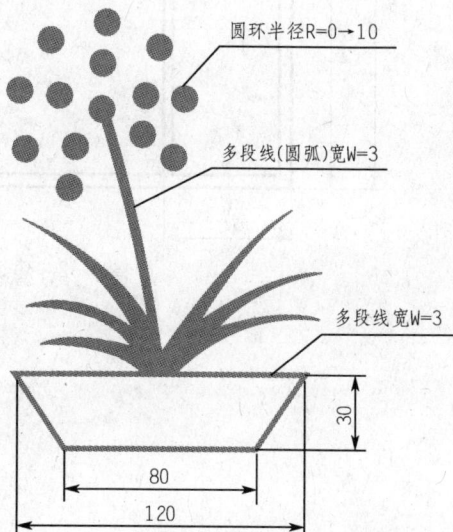

80

120

图 5-27 花盆

（4）用多段线及阵列命令绘制如图 5-28 所示的艺术图案。

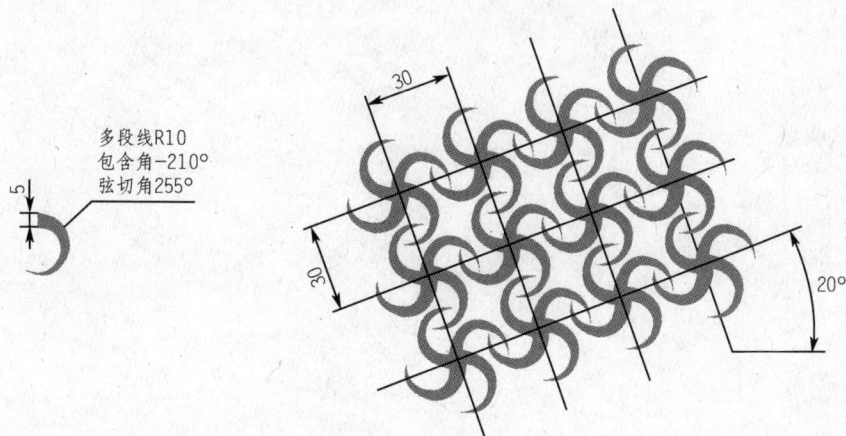

多段线R10
包含角−210°
弦切角255°

5

30

30

20°

图 5-28 艺术图案

（5）用多线命令绘制及编辑如图 5-29 所示的建筑墙体。

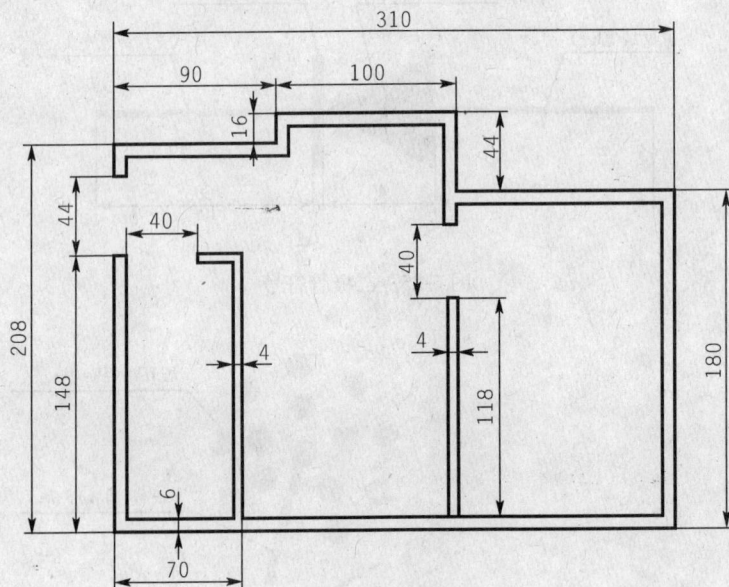

图 5-32　建筑墙体

项目六

绘制倾斜图形及利用已有图形生成新图形

本项目介绍夹点的编辑方法。通过两个任务,介绍移动、旋转、对齐及拉伸 4 个命令的操作方法,介绍绘制倾斜图形的方法、利用已有图形生成新图形的方法及绘图技巧。本项目推荐课时为 6 学时。

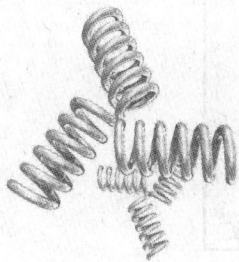

知识目标

(1) 夹点编辑方式。

(2) 移动对象。

(3) 把对象旋转某个角度或把对象从当前位置旋转复制到新的位置。

(4) 将一个图形对象与另一个图形对象对齐。

(5) 拉长或缩短对象。

(6) 绘制倒角。

能力目标

(1) 掌握用夹点的方法进行图形的编辑操作。

(2) 掌握将一个图形移动到另外一个位置的绘图能力。

(3) 掌握使用旋转命令绘制倾斜图形的技巧。

(4) 掌握使用对齐命令绘制倾斜图形的方法。

(5) 掌握使用拉伸命令生成新图形的方法。

(6) 掌握倒角的绘制方法。

知 识 链 接

一、夹点编辑方式

夹点编辑方式是一种集成的编辑模式，该模式包含 5 种编辑方法：拉伸、移动、旋转、比例缩放和镜像。

1. 夹点的显示状态

系统默认夹点的显示状态，也可通过【工具】菜单栏中的【选项】对话框的【选择集】选项卡，重新设置夹点的显示、大小、颜色等，如图 6-1 所示。

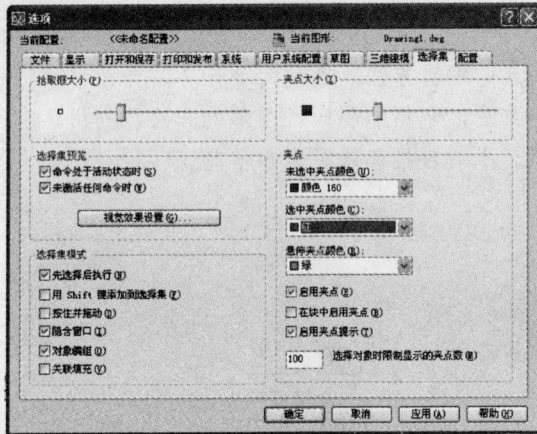

图 6-1 【选项】对话框

2. 对象的夹点特征

不同的对象用来控制其特征的夹点的位置和数量不相同，常见对象的夹点特征，如表 6-1 所示。

表 6-1　Auto CAD 中对象的夹点特征

序　号	直　　线	夹 点 特 征
1	多段线	起点、中点和端点
2	圆	圆心和 4 个象限点
3	圆弧	起点、中点和端点
4	椭圆	中心点和 4 个象限点
5	椭圆弧	起点、中点和中心点
6	图案填充	中心点
7	单行文字	插入点和对正点
8	多行文字	对正点和区域的 4 个角点
9	属性	插入点
10	线性标注、对齐标注	尺寸线和尺寸界线端点、尺寸文字中心点

序　号	直　线	夹 点 特 征
11	角度标注	尺寸界线端点、尺寸标注弧一点、尺寸文字中心点
12	半径标注、直径标注	半径、直径标注的端点，尺寸文字中心点
13	引线标注	引线端点、文字对正点

3. 选择夹点和夹点编辑模式

夹点有 3 种：一种是未选中的夹点，又叫做冷夹点，其默认颜色为蓝色；第二种是悬停夹点，即光标在它上面悬停的冷夹点，其默认颜色为绿色；第三种是选中夹点，又叫热夹点，其默认颜色为红色。

夹点编辑包括拉伸、移动、旋转、缩放和镜像 5 种模式。刚进入夹点编辑状态时，默认夹点的编辑模式是拉伸。

用户可以通过下面几种办法切换到所需的夹点编辑模式。

（1）在夹点编辑状态下按一次或多次的回车键。

（2）在夹点编辑状态下按一次或多次的空格键。

（3）在夹点编辑状态下在绘图区单击鼠标右键，从快捷菜单中选择所需的夹点编辑模式。

【案例 6-1】用夹点编辑方式绘图。

按尺寸要求绘制如图 6-2（a）所示的图形，再用夹点编辑方式绘制成如图 6-2（b）所示的图形。

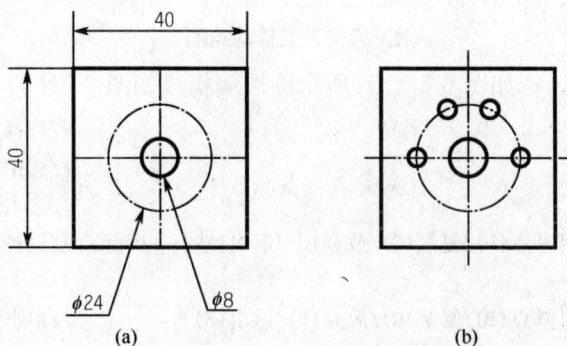

图 6-2 夹点编辑绘图

（1）用夹点拉伸，把如图 6-3（a）所示图形编辑成如图 6-3（b）所示的图形。

```
命令                                          //选择直线 AB
命令：                                        //选中夹点 M
**拉伸**                                      //进入拉伸模式
指定拉伸点或[基点(B)/复制(C)/放弃(U)/退出(X)]:8   //向右移动光标并输入数值
```

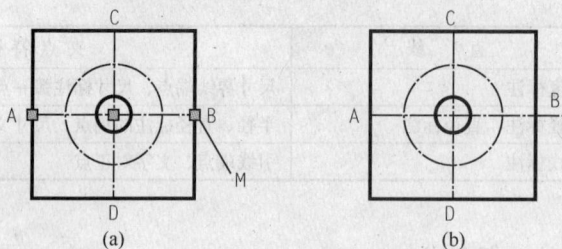

图 6-3 夹点拉伸绘图

（2）用夹点移动，把如图 6-4（a）所示图形编辑成如图 6-4（b）所示的图形。

命令：	//选择直线 AB
命令：	//选中任一夹点
** 拉伸**	//进入拉伸模式
指定拉伸点或[基点(B)/复制(C)/放弃(U)/退出(X)]：	//按 Enter 键进入移动模式
移动	
指定移动点或[基点(B)/复制(C)/放弃(U)/退出(X)]：4	//向左移动光标并输入数值

用同样的方法完成 CD 直线夹点的拉伸与移动。

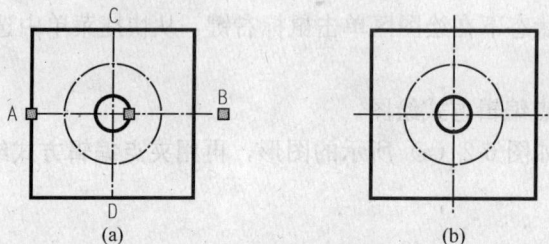

图 6-4 夹点移动绘图

（3）用夹点复制，把如图 6-5（a）所示图形编辑成如图 6-5（b）所示的图形。

命令：	//选择小圆
命令：	//选中夹点圆心 E
拉伸	//进入拉伸模式
指定拉伸点或[基点(B)/复制(C)/放弃(U)/退出(X)]：_ copy	//选择"复制"选项进行复制
拉伸(多重)	
指定拉伸点或[基点(B)/复制(C)/放弃(U)/退出(X)]：	//单击 F 点
拉伸(多重)	
指定拉伸点或[基点(B)/复制(C)/放弃(U)/退出(X)]：	//按 Enter 键结束

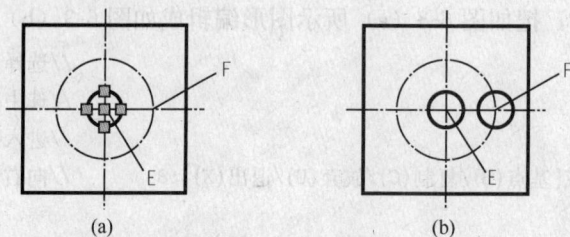

图 6-5 夹点复制绘图

（4）用夹点缩放，把如图 6-6（a）所示图形编辑成如图 6-6（b）所示的图形。

命令：	//选择小圆
命令：	//选中任一夹点
拉伸	//进入拉伸模式
指定拉伸点或[基点(B)/复制(C)/放弃(U)/退出(X)]：_scale	
	//单击鼠标右键,弹出快捷菜单,选取缩放选项
比例缩放	
指定比例因子或[基点(B)/复制(C)/放弃(U)/参照(R)/退出(X)]：_base	//选择"基点"选项
指定基点：	//单击 F 点
比例缩放	
指定比例因子或[基点(B)/复制(C)/放弃(U)/参照(R)/退出(X)]:0.5	//输入比例因子

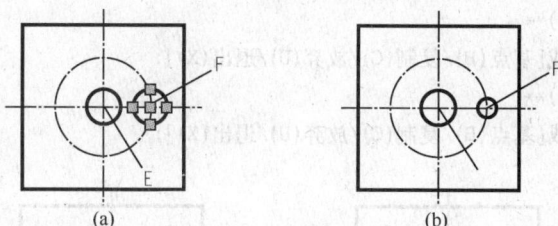

图 6-6 夹点缩放绘图

（5）用夹点旋转，把如图 6-7（a）所示图形编辑成如图 6-7（b）所示的图形。

命令：	//选择小圆
命令：	//选中任一夹点
拉伸	//进入拉伸模式
指定拉伸点或[基点(B)/复制(C)/放弃(U)/退出(X)]：_scale	
	//单击鼠标右键,弹出快捷菜单,选取旋转选项
旋转	
指定比例因子或[基点(B)/复制(C)/放弃(U)/参照(R)/退出(X)]：_base	
	//选择"基点"(B)选项
指定基点：	//单击 E 点
旋转	
指定旋转角度或[基点(B)/复制(C)/放弃(U)/参照(R)/退出(X)]:70	//输入角度
指定旋转角度或[基点(B)/复制(C)/放弃(U)/参照(R)/退出(X)]:70	//输入角度

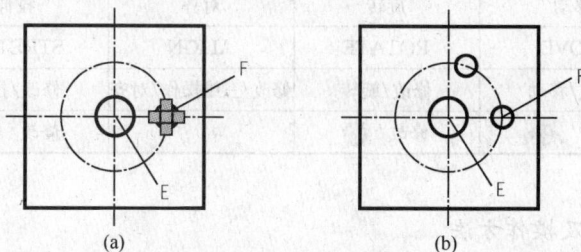

图 6-7 夹点旋转绘图

（6）用夹点镜像，把如图 6-8（a）所示图形编辑成如图 6-8（b）所示的图形。

命令：　　　　　　　　　　　　　　　　　　　　　　　　//选择两个小圆
命令：　　　　　　　　　　　　　　　　　　　　　　　　//选中任一夹点
拉伸　　　　　　　　　　　　　　　　　　　　　　　//进入拉伸模式
指定拉伸点或[基点(B)/复制(C)/放弃(U)/退出(X)]：_ _ mirror
　　　　　　　　　　　　//单击鼠标右键,弹出快捷菜单,选取镜像选项
镜像
指定第二点或[基点(B)/复制(C)/放弃(U)/退出(X)]：_ copy　　//选择"复制"选项
镜像(多重)
指定第二点或[基点(B)/复制(C)/放弃(U)/退出(X)]：_ base　　//选择"基点"选项
指定基点：　　　　　　　　　　　　　　　　　　　　　　//单击C点
镜像(多重)
指定第二点或[基点(B)/复制(C)/放弃(U)/退出(X)]：　　　　//单击D点
镜像(多重)
指定第二点或[基点(B)/复制(C)/放弃(U)/退出(X)]：　　　　//按 Enter 键结束

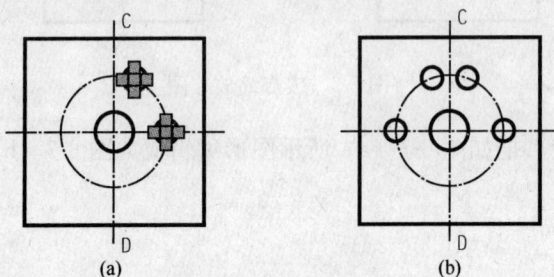

(a)　　　　　　　　　(b)

图 6-8　夹点镜像绘图

二、认识相关命令

1. 命令的执行方式

命令的常用执行方式有 3 种，如表 6-2 所示。

表 6-2　命令常用的 3 种执行方式

执行方式	命 令				
	移动	旋转	对齐	拉伸	倒角
命令行	MOVE	ROTATE	ALIGN	STRETCH	CHAMFER
菜单栏	修改/移动	修改/旋转	修改/三维操作/对齐	修改/拉伸	修改/倒角
工具栏	修改/✥	修改/↻		修改/▯	修改/▱

2. 命令的功用及操作方法

移动——可以在指定的方向按指定的距离移动对象。
旋转——将对象绕着指定轴旋转任意角度。还可以进行复制旋转，在旋转出新对象

时保留源对象。

对齐——使当前的对象与其他对象对齐。

拉伸——可以一次将多个图形对象沿指定的方向进行拉伸，编辑过程中必须用交叉窗口选择对象，除被选中的对象外，其他图元的大小及相对间的几何关系保持不变。

倒角——使用斜线连接两个相关对象。可以倒角的对象包括直线、多段线及构造线等。

任务一 绘制及编辑斜向图形

任务分析

绘制如图 6-9 所示的斜向图形，学习移动、旋转及对齐等命令的操作方法。

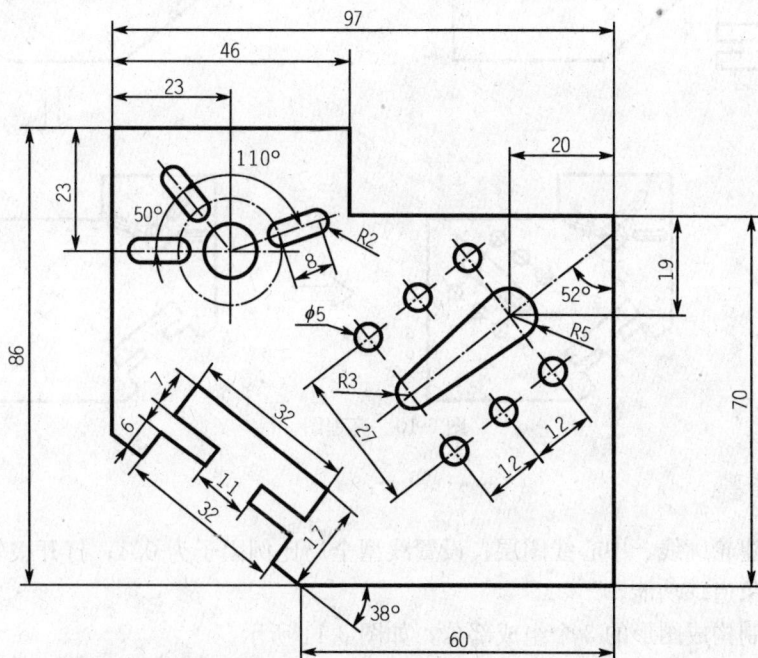

图 6-9 斜向图形

图形特点：由 3 个部分的倾斜图形所构成。

要点提示：直接绘制倾斜的图形难度大、速度慢。使用旋转、对齐命令能很好地解决这个问题，快速地完成倾斜图的绘制。首先将图形中的倾斜部分在水平或者垂直位置完成，再通过旋转命令及对齐命令把图形放置到倾斜的位置上。

使用命令：直线、圆、旋转及对齐。

任务目标

（1）掌握用旋转命令绘制倾斜图形的方法。

（2）掌握用对齐命令绘制倾斜图形的方法。

任务实施

一、操作流程图

操作流程如图 6-10 所示。

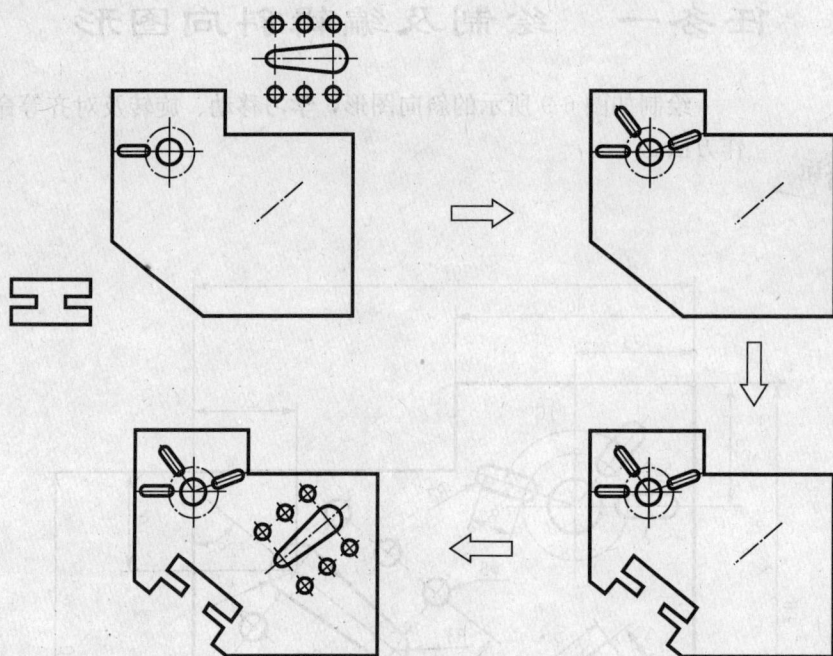

图 6-10　流程图

二、操作步骤

（1）创建轮廓线、中心线图层；设置线型全局比例因子为 0.4；打开极轴追踪、对象捕捉及对象追踪功能。

（2）绘制构成图形的 3 个组成部分，如图 6-11 所示。

1）启动【直线】及【圆】等命令，切换到对应图层，绘制图中位置"1"的直线轮廓图形，并按照尺寸要求，绘制定位线 AB（与中心距 O_2O_3 等长）、中心线、圆及圆角矩形。

2）绘制图形位置"2"线框内的图形。

3）绘制图形位置"3"线框内的图形。

（3）启动【旋转】命令，绘制另外两个圆角矩形，如图 6-12 所示。

单击【绘图】工具栏中的 ⟳ 按钮，执行【旋转】命令，系统提示：

命令：_rotate

UCS 当前的正角方向：ANGDIR＝逆时针　ANGBASE＝0

选择对象：指定对角点：找到5个　　　　　　　　　　　　//选择对象"4"

选择对象：　　　　　　　　　　　　　　　　　　　　　//按 Enter 键结束选择

指定基点：　　　　　　　　　　　　　　　　　　　　//单击圆心 O_1

指定旋转角度，或[复制(C)/参照(R)]＜0＞：C　　　　//选择"复制"选项

旋转一组选定对象.

指定旋转角度，或[复制(C)/参照(R)]＜0＞：－50　　　//输入旋转的角度

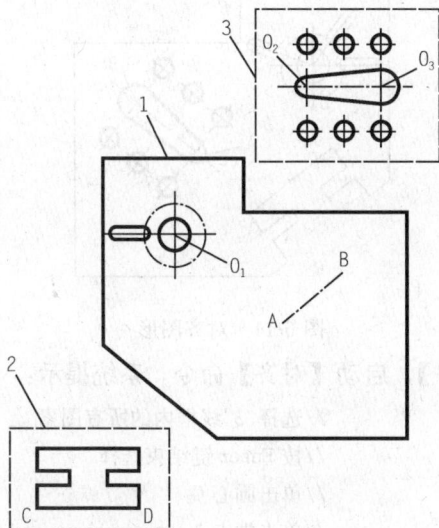

图 6-11　3 个组成部分　　　　　　　　　图 6-12　绘制两个圆角矩形

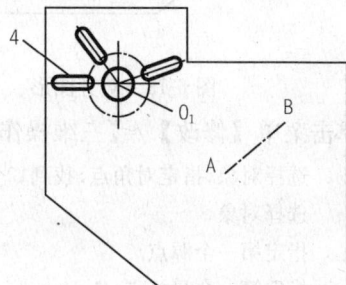

用同样的方法，输入旋转角度-160°，可得到第三个圆角矩形。

【旋转】命令选项说明：

指定旋转角度：指定旋转基点并输入绝对旋转角度来旋转实体。如果输入负的旋转角度，则选定的对象顺时针旋转；反之，被选择的对象将逆时针旋转。

复制(C)：旋转对象，同时复制对象。

参照(R)：将对象从当前位置旋转到新位置。用户首先通过输入角度值或拾取两个点以表明当前位置，然后输入新角度值或指定点来指明要旋转到的方位。

---

(4) 启动【对齐】命令，将图形位置"2"框内的图素移到轮廓"1"里规定的位置，如图 6-13 所示。

单击菜单【修改】/【三维操作】/【对齐】，启动【对齐】命令，系统提示：

选择对象：指定对角点：找到12个　　　　　　　//选择图形"2"线框内的所有图素

选择对象：　　　　　　　　　　　　　　　　//按 Enter 键结束选择

指定第一个源点：　　　　　　　　　　　　　//单击 CD 边的中点

指定第一个目标点：　　　　　　　　　　　　//单击 EF 边的中点

指定第二个源点: //单击 D 点
指定第二个目标点: //单击 F 点
指定第三个源点或<继续>:   //按 Enter 键结束选择
是否基于对齐点缩放对象?[是(Y)/否(N)]<否>:   //按 Enter 键结束命令

（5）启动【修剪】命令，修剪第 4 步的多余线段。

（6）启动【对齐】命令，将"3"线框内的图素移到轮廓"1"里指定的位置，如图 6-14 所示。

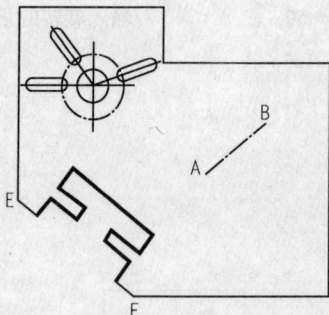

图 6-13   对齐图形   图 6-14   对齐图形

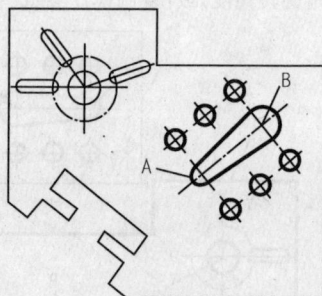

单击菜单【修改】/【三维操作】/【对齐】，启动【对齐】命令，系统提示：

选择对象:指定对角点:找到12个   //选择"3"线框内的所有图素
选择对象: //按 Enter 键结束选择
指定第一个源点: //单击圆心 O_2
指定第一个目标点: //单击端点 A
指定第二个源点: //单击圆心 O_3
指定第二个目标点: //单击端点 B
指定第三个源点或<继续>:   //按 Enter 键结束选择
是否基于对齐点缩放对象?[是(Y)/否(N)]<否>:   //按 Enter 键结束命令

任务二   利用已有图形生成新图形

绘制如图 6-15 所示的平面图形，学习利用已有图形生成新图形的方法。

任务分析

图形特点：由比例不同的相似图形所构成。

要点提示：利用拉伸命令产生新图形，注意指明正确的拉伸方向，将新图形移动到指定的位置。

使用命令：直线、矩形、拉伸、移动。

任务目标

（1）掌握对象移动的方法。

（2）掌握利用已有的图形生成新图形的方法。

（3）熟练绘制多向拉伸生成新的图形。

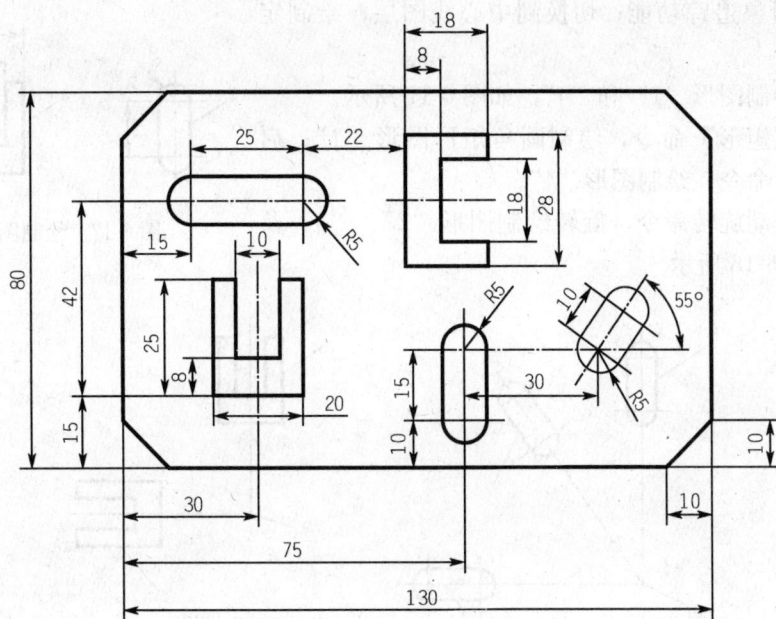

图 6-15 平面图形

一、操作流程图

任务实施

操作流程如图 6-16 所示。

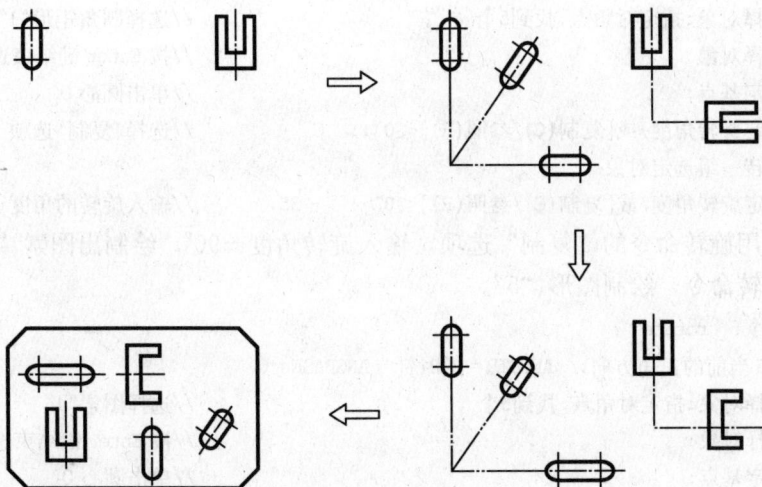

图 6-16 流程图

二、操作步骤

（1）创建轮廓线、中心线图层；设置线型全局比例因子为 0.3；打开极轴追踪、对象捕捉及对象追踪功能；切换到中心线图层；绘制定位中心线。

（2）绘制图形"1"和"4"，如图6-17所示。

启动【矩形】命令，绘制圆角矩形图形"1"；启动【直线】命令，绘制图形"4"。

（3）启动旋转命令，旋转绘制图形"2"、"3"及"5"，如图6-18所示。

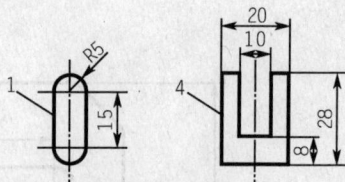

图 6-17　绘制图形

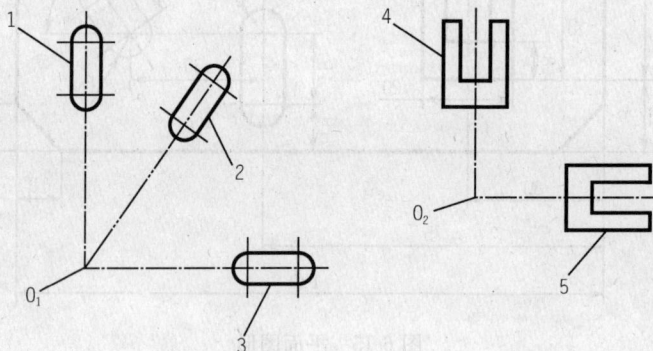

图 6-18　旋转绘制图形

单击【修改】工具栏中的 🔘 按钮，执行旋转命令，系统提示：

命令：_ rotate	
UCS 当前的正角方向： ANGDIR＝逆时针　ANGBASE＝0	
选择对象:指定对角点:找到5个	//选择圆角矩形"1"
选择对象：	//按 Enter 键结束选择
指定基点：	//单击圆心 O_1
指定旋转角度，或[复制(C)/参照(R)]＜0＞： C	//选择"复制"选项
旋转一组选定对象.	
指定旋转角度，或[复制(C)/参照(R)]＜0＞： －35	//输入旋转的角度

同样，用旋转命令的"复制"选项，输入旋转角度－90°，绘制出图素"3"。

重复旋转命令，绘制图形"5"。

命令：_ rotate	
UCS 当前的正角方向： ANGDIR＝逆时针　ANGBASE＝0	
选择对象:指定对角点:找到5个	//选择图素"4"
选择对象：	//按 Enter 键结束选择
指定基点：	//单击圆心 O_2
指定旋转角度，或[复制(C)/参照(R)]＜0＞： C	//选择"复制"选项
旋转一组选定对象.	
指定旋转角度，或[复制(C)/参照(R)]＜0＞： －90	//输入旋转的角度

（4）启动【拉伸】命令，利用已有的图形生成新图形，如图6-19所示。

单击【绘图】工具栏中的 ▨ 按钮，执行【拉伸】命令，系统提示：

命令：_ stretch

以交叉窗口或交叉多边形选择要拉伸的对象…

选择对象:指定对角点:找到5个　　　　　　　//单击 A 点,拖动光标到 B 位置,单击 B 点

选择对象:　　　　　　　　　　　　　　　//按 Enter 键结束选择

指定基点或[位移(D)]<位移>:　　　　　　//单击 O_4 点

指定第二个点或<使用第一个点作为位移>:5//捕捉 O_3 点,输入位移数值

命令：_ stretch

以交叉窗口或交叉多边形选择要拉伸的对象…

选择对象:指定对角点:找到5个　　　　　　//单击 C 点,拖动光标到 D 位置,单击 D 点

选择对象:　　　　　　　　　　　　　　　//按 Enter 键结束选择

指定基点或[位移(D)]<位移>:　　　　　　//单击任意点

指定第二个点或<使用第一个点作为位移>:15//向左方追踪,输入位移数值

命令：_ stretch

以交叉窗口或交叉多边形选择要拉伸的对象…

选择对象:指定对角点:找到7个　　　　　　//单击 E 点,拖动光标到 F 位置,单击 F 点

选择对象:　　　　　　　　　　　　　　　//按 Enter 键结束选择

指定基点或[位移(D)]<位移>:　　　　　　//单击任意点

指定第二个点或<使用第一个点作为位移>:7//向左方追踪,输入位移数值

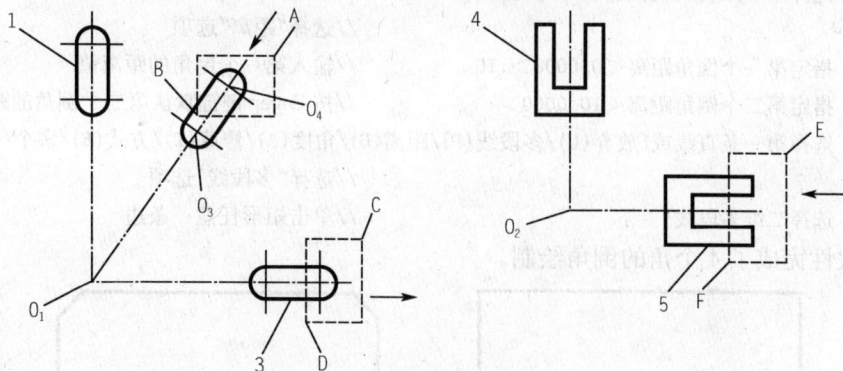

图 6-19　用已有的图形生成新图形

继续启动【拉伸】命令，改变图形指定方向的尺寸，如图 6-20 所示。

命令：_ stretch

以交叉窗口或交叉多边形选择要拉伸的对象...

选择对象:指定对角点:找到7个　　　　　　//单击 H 点,拖动光标到 I 位置,单击 I 点

选择对象:　　　　　　　　　　　　　　　//按 Enter 键结束选择

指定基点或[位移(D)]<位移>:　　　　　　//单击任意点

指定第二个点或<使用第一个点作为位移>:8//向上方追踪,输入位移数值

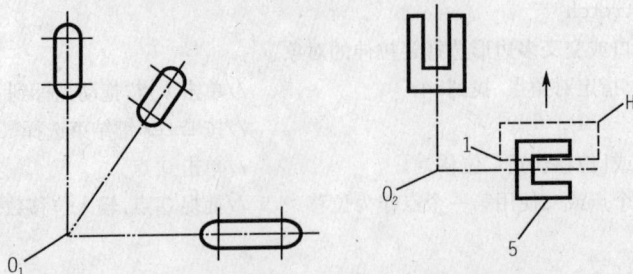

图 6-20　利用已有的图形生成新图形

【拉伸】命令选项说明：

位移 (D)：选择该选项后，系统命令行提示"指定位移"，此时，以"x，y"方式输入沿 x 轴、y 轴拉伸的距离，或以"距离＜角度"方式输入拉伸的距离和方向。

---

(5) 启动【矩形】命令，绘制直角矩形，如图 6-21 所示。

(6) 绘制倒角，如图 6-22 所示。

单击【修改】工具栏中的 ▱ 按钮，启动【倒角】命令。

命令：_ chamfer

("修剪"模式)当前倒角距离1 = 0.0000,距离2 = 0.0000

选择第一条直线或[放弃(U)/多段线(P)/距离(D)/角度(A)/修剪(T)/方式(E)/多个(M)]：　D
　　　　　　　　　　　　　　　　　　　　　　　　　//选择"距离"选项

指定第一个倒角距离＜0.0000＞:10　　　　　　　　　//输入第一个倒角的距离值

指定第二个倒角距离＜10.0000＞:　　　　　　　　　 //按 Enter 键键默认第二个倒角的距离值

选择第一条直线或[放弃(U)/多段线(P)/距离(D)/角度(A)/修剪(T)/方式(E)/多个(M)]：　P
　　　　　　　　　　　　　　　　　　　　　　　　　//选择"多段线"选项

选择二维多段线：　　　　　　　　　　　　　　　　　//单击矩形任意一条边

一次性完成了 4 个角的倒角绘制。

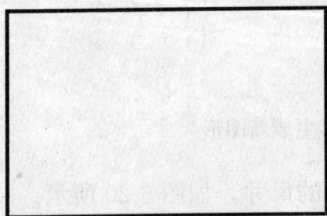

图 6-21　绘制直角矩形　　　　　　　　　　　　　　图 6-22　绘制倒角

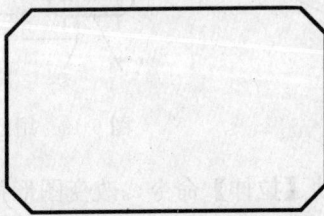

(7) 启动【移动】命令，将 5 个图形移动到矩形里指定的位置，如图 6-23 所示。

命令：_ move

选择对象:指定对角点:找到7个　　　　　　　　　//单击图形"1"及其中心线

选择对象:　　　　　　　　　　　　　　　　　　　//按 Enter 键结束选择

指定基点或[位移(D)]＜位移＞:　指定第二个点或＜使用第一个点作为位移＞:_ from 基

点:＜偏移＞:@75,10　　//单击圆心 O_3 为基点,单击 ▱ 按钮,单击 O_3 点,输入相对坐标值

命令：_move

选择对象：指定对角点：找到7个　　　　　//单击图形"2"及其中心线

选择对象：　　　　　//按 Enter 键结束选择

指定基点或[位移(D)]<位移>：　指定第二个点或<使用第一个点作为位移>：_from 基

点：<偏移>：@105,25　　//单击圆心 O_3 为基点，单击 ⬚ 按钮，单击 O_9 点，输入相对坐标值

【倒角】命令选项说明：

选择第一条线：默认选项，要求选择进行倒角的两条直线，这两条直线不能平行，然后按当前倒角距离对这两条直线倒棱角，选择的第一条直线用倒角距离 1 倒角，第二条直线用倒角距离 2 倒角。

放弃 (U)：可以取消上一次的倒角操作。

多段线 (P)：可以对多段线中各直线中各直线段的交点倒角。

距离 (D)：可以设置倒角距离。

角度 (A)：可以根据第一个倒角距离和倒角的角度来设置倒角尺寸。

修剪 (T)：可以设置修剪模式。

方式 (E)：可以选择倒角的方式。

多个 (M)：可以对多个对象倒角，而不用重复启动倒角命令。

按住 Shift 键选择要应用角点的直线：可以快速创建零距离倒角。

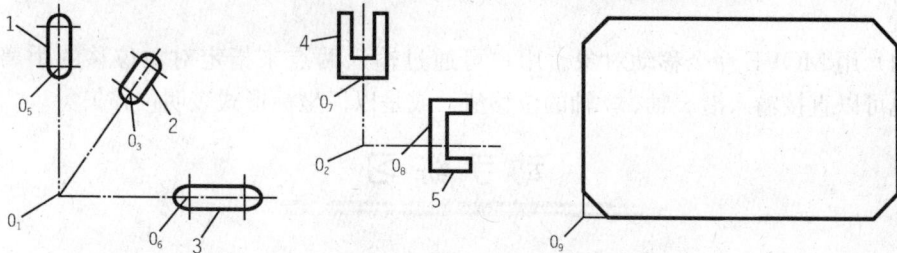

图 6-23　移动图形

命令：_move

选择对象：指定对角点：找到7个　　　单击图形"3"及其中心线

选择对象：　　　　　//按 Enter 键结束选择

指定基点或[位移(D)]<位移>：　指定第二个点或<使用第一个点作为位移>：_

from 基点：<偏移>：@15,57

　　　　　//单击圆心 O_4 为基点，单击 ⬚ 按钮，单击 O_9 点，输入相对坐标值

命令：_move

选择对象：指定对角点：找到9个　　　　//单击图形"4"及其中心线

选择对象：　　　　　//按 Enter 键结束选择

指定基点或[位移(D)]<位移>：　指定第二个点或<使用第一个点作为位移>：_

from 基点：<偏移>：@30,15

　　　　　//单击圆心 O_7 为基点，单击 ⬚ 按钮，单击 O_9 点，输入相对坐标值

命令:_ move

选择对象:指定对角点:找到9个　　　//单击图形"5"及其中心线

选择对象:　　　　　　　　　　//按 Enter 键结束选择

指定基点或[位移(D)]<位移>:　指定第二个点或<使用第一个点作为位移>:_

from 基点:<偏移>:@62,57

　　　　　　//单击中点 O₈ 为基点,单击 ▦ 按钮,单击 O₉ 点,输入相对坐标值

完成 5 个图形移动操作,结果如图 6-15 所示。

项目小结

通过本项目的学习,掌握了倾斜图形的绘制和在已有图形的基础上产生新图形的方法,小结如下。

(1) 用夹点方式编辑对象。该编辑模式提供了 5 种常用的编辑功能:拉伸、移动、旋转、比例缩放及镜像。因此,用户不必在面板上选定命令按钮就可完成大部分的编辑任务。

(2) 用旋转命令旋转对象,旋转角度逆时针为正,顺时针为负。用对齐命令对齐对象。绘制倾斜图形时,这两个命令的用途较大,用户可先在水平或垂直位置画出图形,然后利用旋转或对齐命令将图形定位到倾斜方向。

(3) 拉伸命令可拉伸对象。在保证图元间几何关系不变的情况下,改变对象的大小或位置。

(4) 用 MOVE 命令移动对象。用户可通过输入两点来指定对象位移的距离及方向,也可以直接输入沿 x 轴、y 轴的位移值,或是以极坐标形式表明位移矢量。

动手练习

(1) 绘制如图 6-24 所示的倾斜平面图形,主要命令:旋转。

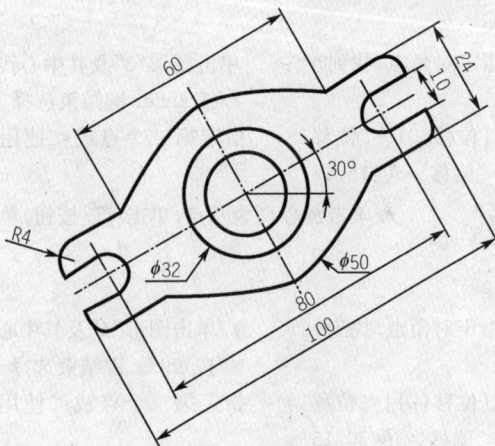

图 6-24　倾斜平面图形

（2）绘制如图 6-25 所示的零件图，主要命令：旋转。

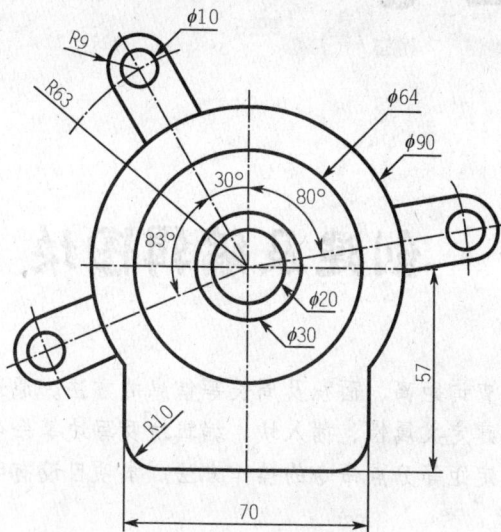

图 6-25 零件图

（3）绘制如图 6-26 所示的零件图，主要命令：旋转、拉伸及移动。

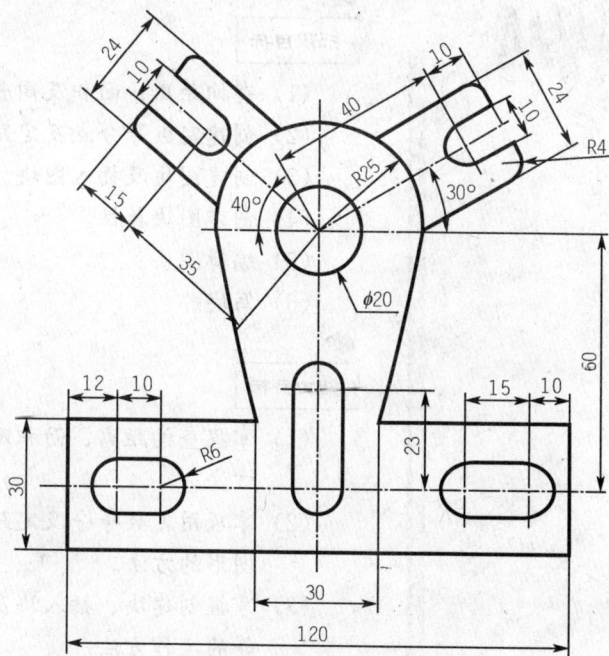

图 6-26 零件图

项目七

创建及编辑图块

本项目介绍查询距离、面积及周长等信息的方法。通过两个实训范例，介绍创建图块、创建定义属性、插入块、编辑块及写块等命令的操作方法，还介绍定数等分点及定距等分点命令的操作方法。本项目设有两个任务，推荐课时为 4 课时。

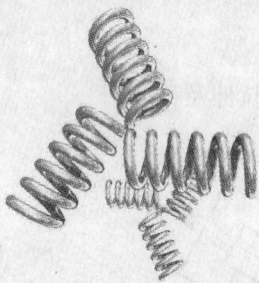

知识目标

(1) 查询距离、面积及周长等信息。
(2) 创建定数等分点及定距等分点。
(3) 创建图块及插入图块。
(4) 创建图块属性。
(5) 编辑图块。
(6) 写块。

能力目标

(1) 掌握查询距离、面积及周长等信息的方法。
(2) 掌握用定数等分及定距等分命令绘制图形的方法。
(3) 掌握创建块、插入块及创建定义属性等的操作方法。
(4) 掌握编辑块的操作方法。
(5) 熟练标注机械图的粗糙度。
(6) 掌握写块的方法及用途。

知 识 链 接

一、列出对象的图形信息

【列表】显示命令 LIST 将列表显示图形信息，这些信息随着对象类型的不同而不同，包括的内容有对象类型、图层、颜色等，以及对象的一些几何特性，如直线的长度、端点坐标、圆心位置、半径大小、圆的面积及周长等。

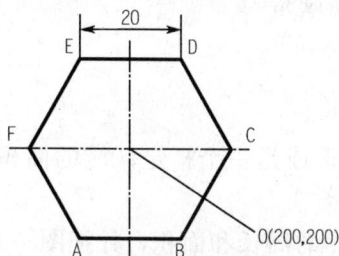

图 7-1 列表显示对象的图形信息

【案例 7-1】列表显示如图 7-1 所示的图形信息。

单击菜单【工具】/【查询】/【列表显示】，启动【列表】命令，AutoCAD 命令行提示如下：

```
命令: _list
选择对象:找到1个          //单击正六边形
选择对象:               //按 Enter 键结束选择,AutoCAD 打开【文本窗口】
     LWPOLYLINE   图层:图层1
     空间:模型空间
     句柄 = 3a34
     闭合
     固定宽度      0.0000
     面积   1039.2305
     周长   120.0000
     于端点    X = 190.0000    Y = 182.6795    Z = 0.0000
     于端点    X = 210.0000    Y = 182.6795    Z = 0.0000
     于端点    X = 220.0000    Y = 200.0000    Z = 0.0000
     于端点    X = 210.0000    Y = 217.3205    Z = 0.0000
     于端点    X = 190.0000    Y = 217.3205    Z = 0.0000
     于端点    X = 180.0000    Y = 200.0000    Z = 0.0000
```

> 可以将复杂的图形创建成面域，然后用列表显示命令查询面积及周长。

二、测量距离

【距离】命令 DIST 可以测量对象上两点间的距离，同时，还能计算出与两点连线相关的某些角度。

【案例 7-2】测量如图 7-1 所示图形的 AB、BC 两条直线的距离。

单击菜单【工具】/【查询】/【距离】，启动【距离】命令，AutoCAD 命令行提示如下：

DIST 指定第一点：　指定第二点：　――‥　　　　　　　　　//捕捉 A 点,捕捉 B 点

距离 = 20.0000,XY 平面中的倾角 = 0,　与 XY 平面的夹角 = 0

X 增量 = 20.0000,　Y 增量 = 0.0000,　　Z 增量 = 0.0000

DIST 指定第一点：　指定第二点：　　　　　　　　　　　　//捕捉 B 点,捕捉 C 点

距离 = 20.0000,XY 平面中的倾角 = 60,　与 XY 平面的夹角 = 0

X 增量 = 10.0000,　Y 增量 = 17.3205,　Z 增量 = 0.0000

三、测量面积及周长

【面积】命令 AREA 可以计算出圆、面域、多边形或是一个指定区域的面积和周长，还可以进行面积的加、减运算。

【案例 7-3】测量如图 7-2 所示（a）、（b）及（c）的周长和面积，并把图 7-2（a）及（b）面积加起来再减去图 7-2（c）的面积。

单击菜单【工具】/【查询】/【面积】，启动【面积】命令，AutoCAD 命令行提示如下：

```
命令：_ area
指定第一个角点或[对象(O)/加(A)/减(S)]:A          //选择"加"选项
指定第一个角点或[对象(O)/减(S)]:               //单击 A 点
指定下一个角点或按 ENTER 键全选（"加"模式）:     //单击 B 点
指定下一个角点或按 ENTER 键全选（"加"模式）:     //单击 C 点
指定下一个角点或按 ENTER 键全选（"加"模式）:     //单击 D 点
指定下一个角点或按 ENTER 键全选（"加"模式）:     //Enter 键结束
面积 = 1113.0201,周长 = 141.0000               //图7-2(a)的面积及周长
总面积 = 1113.0201
指定第一个角点或[对象(O)/减(S)]:               //单击 E 点
指定下一个角点或按 ENTER 键全选（"加"模式）:     //单击 F 点
指定下一个角点或按 ENTER 键全选（"加"模式）:     //单击 G 点
指定下一个角点或按 ENTER 键全选（"加"模式）:     //单击 H 点
指定下一个角点或按 ENTER 键全选（"加"模式）:     //单击 I 点
指定下一个角点或按 ENTER 键全选（"加"模式）:     //Enter 键结束
面积 = 3047.8938,周长 = 282.0000               //图7-2(b)的面积及周长
总面积 = 4160.9139                             //图7-2(a)与(b)面积之和
指定第一个角点或[对象(O)/减(S)]:S              //选择"减"选项
指定第一个角点或[对象(O)/加(A)]:               //单击 J 点
指定下一个角点或按 ENTER 键全选（"减"模式）:     //单击 K 点
指定下一个角点或按 ENTER 键全选（"减"模式）:     //单击 L 点
指定下一个角点或按 ENTER 键全选（"减"模式）:     //Enter 键结束
面积 = 574.4563,周长 = 110.0000                //图7-2(c)的面积及周长
总面积 = 4735.3701                             //图7-2(a)、(b)面积减去(c)的面积
指定第一个角点或[对象(O)/加(A)]:*取消*          //按 Enter 键结束
```

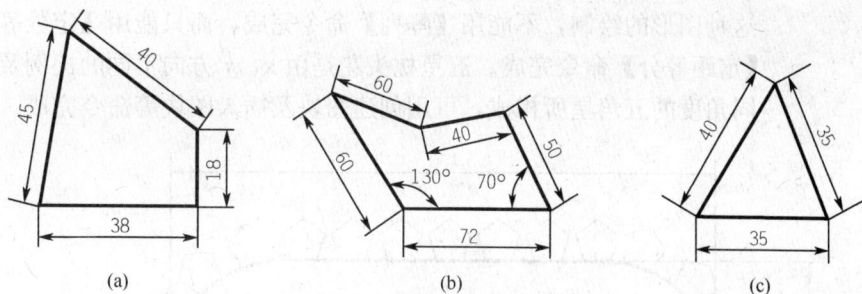

图 7-2 测量面积及周长

四、认识相关命令

1. 相关命令的执行方式

命令的常用执行方式有 3 种，如表 7-1 所示。

表 7-1 命令常用的 3 种执行方式

执行方式	命 令		
	定数等分	定距等分	创建块
命令行	DIVIDE	MEASURE	BLOCK
菜单栏	绘图/点/定数等分	绘图/点/定距等分	绘图/块/创建
工具栏			绘图/

执行方式	命令		
	插入块	块定义属性	写块
命令行	INSERT	ATTDEF	WBLOCK
菜单栏	插入/块	绘图/块/定义属性	
工具栏	绘图/		

2. 命令的功用

定数等分——将指定的对象以一定的数量进行等分。

定距等分——将指定的对象按确定的长度进行等分。

图块——一些基本的图形元素的集合。虽然这个集合包含较为复杂的图形元素，当成为图块，赋予一个块名后，便被视为一个图形元素。

写块——把图块单独存放在图块文件中，能被其他图形文件调用。

任务一 用图块及定数等分点命令绘制图形
——五星枕头套

任务分析

绘制如图 7-3 所示的五星枕头套图形，学习定数等分点、图块等命令的操作方法。

图形特点：由圆角矩形、枕头花边、五星枕头花及小圆点飘带所组成。其中枕头花边定数等分在矩形边上，小圆点定距等分在飘带上。

这种图形的绘制，不能用【阵列】命令完成，而只能用【定数等分】及【定距等分】命令完成。五星枕头花是由 x、y 方向不同的比例及旋转不同角度的五角星所构成，可用创建图块及插入图块等命令完成。

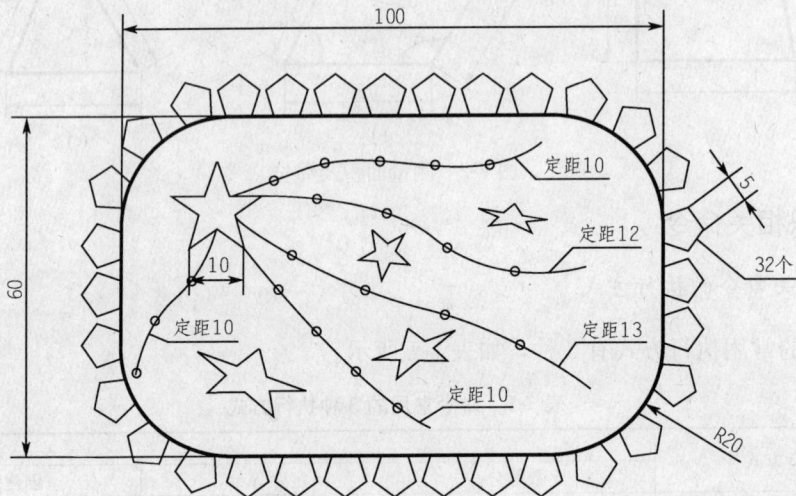

图 7-3　五星枕头套

要点提示：绘制圆角矩形，绘制正五边形，绘制五角星；创建五边形图块及五角星图块；用定数等分命令将五边形图块绘制到枕头边上；绘制 5 条样条曲线，用定距等分点方法绘制样式点在样条曲线上；将五角星图块插入到枕头面上。

使用命令：定数等分点、定距等分点、创建块、插入块等。

（1）掌握创建图块的方法。
（2）掌握用定数等分命令把图块插入到图形中的方法。
（3）掌握用定距等分命令绘制图形的方法。
（4）掌握图块的插入方法。

一、操作流程图

操作流程如图 7-4 所示。

二、操作步骤

（1）创建相关图层，打开极轴追踪、对象捕捉及对象追踪功能，设定对象捕捉常用的模式点。

（2）设定绘图区域大小为 $200×200$，单击【标准】工具栏中的 按钮，使绘图区域充满整个图形窗口显示。

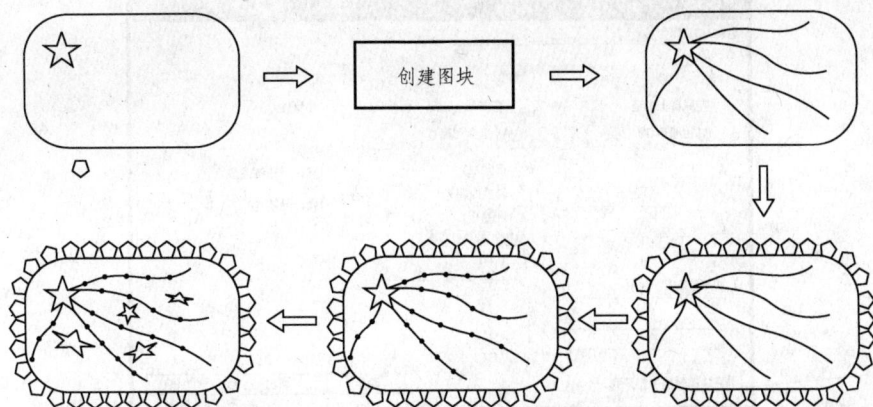

图 7-4 流程图

（3）启动有关命令，绘制正五边形、五角星及圆角矩形，如图 7-5 所示。

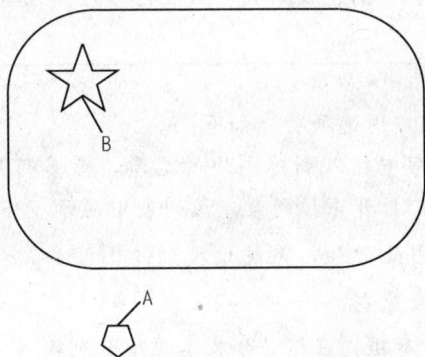

图 7-5 绘制正五边形、五角星及圆角矩形

1）启动【多边形】命令，绘制一个边长为 5 的正五边形。

2）启动【多边形】、【直线】、【修剪】、【删除】等命令，绘制一个边长为 10 的五角星，位置可自定在左上角合适的地方。

3）启动【矩形】命令，绘制圆角矩形。

（4）创建两个图块："枕头边"及"五星"。

1）单击【绘图】工具栏中的 按钮，系统打开【块定义】对话框，如图 7-6 所示。

2）在【名称】文本框中输入新建图块的名称"枕头边"。

3）选择构成块的图形元素。单击 按钮（选择对象），系统返回绘图窗口，并提示"选择对象"，选择正五边形。

4）指定块的插入基点。单击 按钮（拾取点），系统返回绘图窗口，并提示"指定插入基点"，捕捉中点 A，如图 7-5 所示。

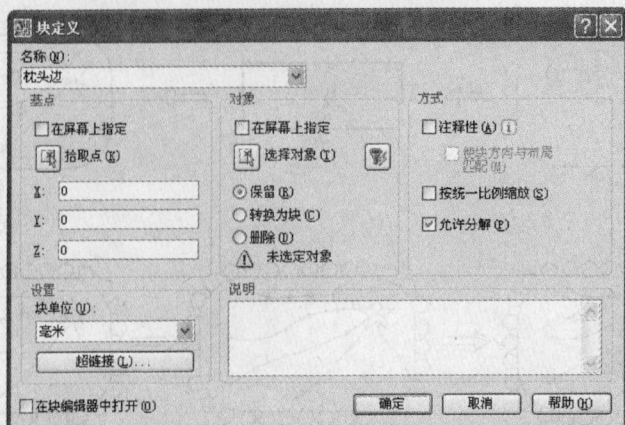

图 7-6 【块定义】对话框

5）单击 |　确定　| 按钮，生成图块。

用相同的办法将"五星"创建成图块，图块名称为"五星"，插入点为 B，如图 7-5 所示。

【块定义】对话框中常用选项功能如下：

【名称】：在此文本框中输入新建图块的名称，最多可用 255 个字符。单击文本框右边的下三角按钮，打开下拉列表，该列表中显示了当前图形的所有图块。

　【拾取点】：单击此按钮，系统切换到绘图窗口，用户可以直接在图形中拾取某点，作为块的插入基点。

【X】、【Y】、【Z】文本框：在这 3 个文本框中分别输入插入基点的 x、y 和 z 坐标值。

　【选择对象】：单击此按钮，系统切换到绘图窗口，用户在绘图区中选择构成图块的图形对象。

【保留】：选中此单选项，则系统生成图块后，还保留构成块的源对象。

【转换成块】：选中此单选项，则系统生成图块后，把构成块的源对象也转化为块。

（5）启动【样条曲线】命令，在五角星的角点绘制 5 条样条曲线，如图 7-7 所示。

（6）启动【定数等分】命令，绘制枕头花边，如图 7-7 所示。

单击菜单【绘图】/【点】/【定数等分】，启动【定数等分】命令，系统提示：

```
命令:_divide
选择要定数等分的对象:                //单击圆角矩形
输入线段数目或[块(B)]:B               //选择"块"选项
输入要插入的块名:枕头边                //输入块名
是否对齐块和对象?[是(Y)/否(N)]<Y>:    //按 Enter 键
输入线段数目:32                      //输入线段数目
```

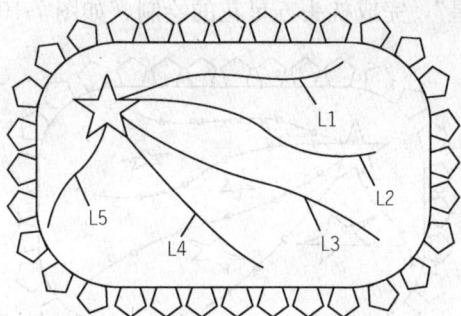

图 7-7 绘制样条曲线

【定数等分】命令选项说明：

块(B)：系统在等分处插入图块。

注：定数等分命令根据等分数目在图形对象上的距离放置等分点，这些点并不分割对象，只是标明等分的位置。

（7）启动【定距等分】命令，绘制飘带圆点，如图 7-8 所示。

单击菜单【格式】/【点样式】，打开【点样式】对话框，选择点样式，在【点大小】文本框内输入"1.5"，选中【按绝对单位设置大小】单选项，如图 7-9 所示。

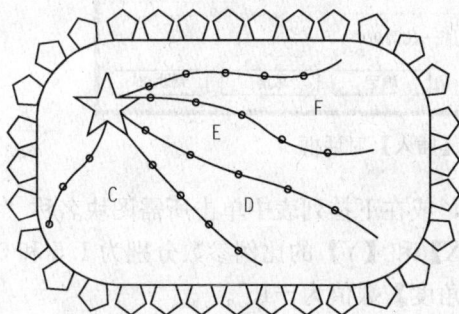

图 7-8 绘制飘带圆点

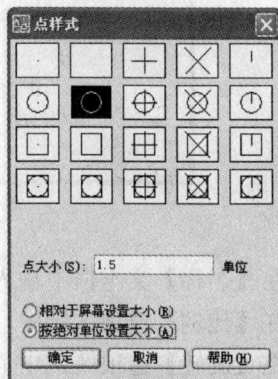

图 7-9 【点样式】对话框

单击菜单【绘图】/【点】/【定距等分】，启动【定距等分】点命令，系统提示：

```
命令：_ measure
选择要定距等分的对象：              //单击样条曲线 L1，如图7-7所示
指定线段长度或[块(B)]:10            //输入定距数值


命令：_ measure
选择要定距等分的对象：              //单击样条曲线 L2
指定线段长度或[块(B)]:12            //输入定距数值
```

同样绘制样条曲线 L3、L4 及 L5 的定距等分点。

（8）插入图块"五星"，完成枕头五星花的绘制，如图 7-10 所示。

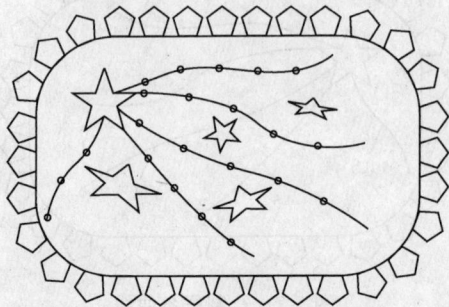

图 7-10　绘制枕头五星花

单击【绘图】工具栏中的 按钮，启动【插入块】命令，系统打开【插入】对话框，如图 7-11 所示。

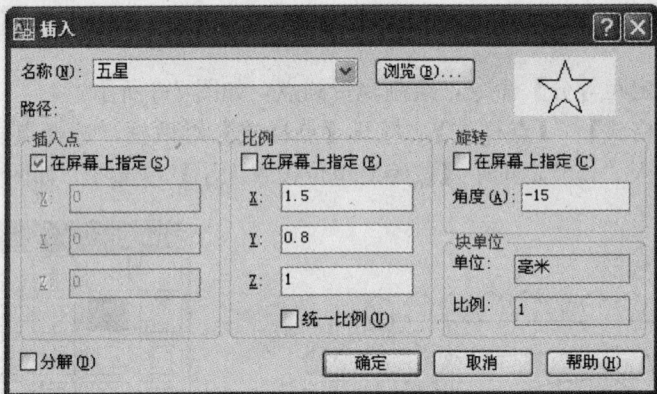

图 7-11　【插入】对话框

1）在【名称】文本框中输入块名称，或在下拉列表中单击所需图块名称"五星"。

2）在【比例】选项区域中，设置【X】和【Y】的比例参数分别为 1.5 和 0.8。

3）在【旋转】选项区域中，设置【角度】数值为－15°。

4）单击 确定 按钮，单击图中位置 C，用插入图块的方式完成五星图案的绘制。

同样，自定比例及旋转等参数，完成位置 B、C、D 及 E 的五星绘制。

【插入】对话框中常用选项功能如下：

【名称】：该区域的下拉列表罗列了图样中的所有图块。通过该下拉列表，用户可以选择要插入的块。如果要将".dwg"文件插入到当前图形，就单击 浏览(B)... 按钮，然后选择要插入的文件。

【插入点】：确定图块的插入点。用户可以直接在【X】、【Y】、【Z】文本框中输入插入点的绝对坐标值，也可以选中【在屏幕上指定】复选框，在屏幕上指定。

【比例】：确定块的缩放比例。用户可以直接在【X】、【Y】、【Z】这3个文本框中分别输入沿这3个方向的缩放比例因子，也可以选中【在屏幕上指定】复选框，在屏幕上指定。用户可以指定沿 x 轴、y 轴方向的负比例因子，此时插入的图块将作镜像变换。

【统一比例】：该选项使块沿 x 轴、y 轴和 z 轴方向的比例都相同。

【旋转】：指定插入块时的旋转角度。用户可以在【角度】文本框中直接输入旋转角度值，也可以通过【在屏幕上指定】复选框在屏幕上指定。

【分解】：若用户选中此复选框，则系统在插入块的同时分解对象。

任务二　创建及使用块属性
——标注粗糙度

任务分析

标注如图 7-12 所示的粗糙度，学习创建及使用块属性。

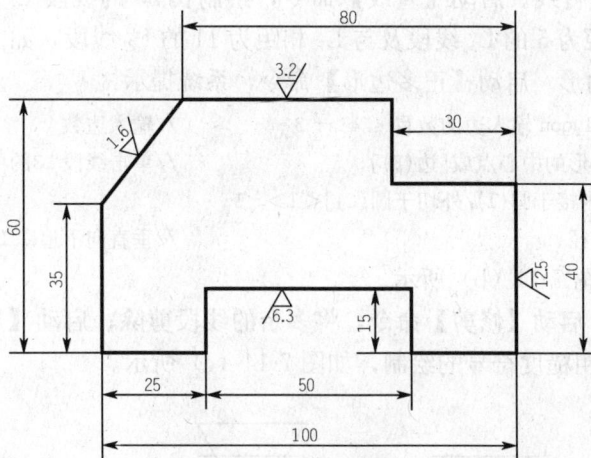

图 7-12　标注粗糙度

图形特点：粗糙度符号一样，但粗糙度参数不一样。创建及使用块属性，能方便快速地绘制这类符号或图形。

要点提示：绘制出粗糙度符号、创建块属性、创建块、插入图块、编辑图块及存储块等。

使用命令：直线、多边形、修剪、定义属性、创建快、插入块等。

任务目标

(1) 创建属性定义。

(2) 创建图块标注粗糙度。

(3) 编辑图块粗糙度参数值。

(4) 写（存储）图块。

一、操作流程图

操作流程如图 7-13 所示。

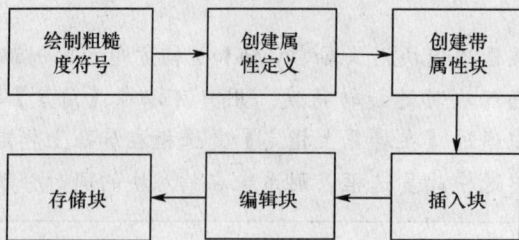

```
┌──────────┐      ┌──────────┐      ┌──────────┐
│ 绘制粗糙 │ ───→ │ 创建属性 │ ───→ │ 创建带   │
│ 度符号   │      │ 定义     │      │ 属性块   │
└──────────┘      └──────────┘      └──────────┘
                                          │
                                          ↓
┌──────────┐      ┌──────────┐      ┌──────────┐
│ 存储块   │ ←─── │ 编辑块   │ ←─── │ 插入块   │
└──────────┘      └──────────┘      └──────────┘
```

图 7-13　流程图

二、操作步骤

（1）绘制粗糙度符号，如图 7-14 所示。

1）绘制 3 条平行线。启动【直线】命令，绘制长 20 的线段 L_1；启动【偏移】命令，绘制与 L_1 相距为 5 的 L_2 线段及与 L_1 相距为 11 的 L_3 线段，如图 7-14（a）所示。

2）绘制正三角形。启动【正多边形】命令，系统提示：

　　命令：_ polygon 输入边的数目 <4>：3　　　　　　　//输入边数
　　指定正多边形的中心点或[边(E)]：　　　　　　　　//单击线段 L3 的中点
　　输入选项[内接于圆(I)/外切于圆(C)]<I>：I
　　指定圆的半径：　　　　　　　　　　　　　　　//垂直向下追踪 L1 的交点

绘制的图形如图 7-14（b）所示。

3）编辑图形。启动【修剪】命令，将多余的线段剪除；启动【删除】命令，删除多余的线段，完成粗糙度符号的绘制，如图 7-14（c）所示。

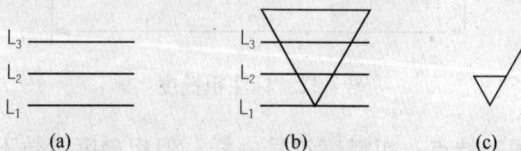

图 7-14　绘制粗糙度符号

（2）创建如图 7-15 所示粗糙度符号的属性定义。

单击菜单【绘图】/【块】/【定义属性】，系统打开【属性定义】对话框，如图 7-16 所示。

1）在【属性】选项区域中输入下列内容。

　　标记：　　　　Ra
　　提示；　　　　输入粗糙度数值6.3

2）在【文字设置】选项区域中的【对正】下拉列表中选择"正中"。

3）在【文字设置】选项区域中的【文字样式】下拉列表中选择"机械"。

4）在【文字设置】选项区域中的【文字高度】文中框中，默认"机械"的文字高度为3.5。

5）单击 [确定] 按钮，系统提示：

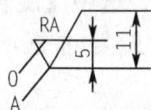

图 7-15 带属性
粗糙度符号

图 7-16 【属性定义】对话框

命令：_attdef
指定起点：_tt 指定临时对象追踪点：_mid 于 　　　//单击中点 0,如图7-15所示
指定起点:3 　　　　　　　　　　　　　　　　//光标向上追踪,输入追踪数值

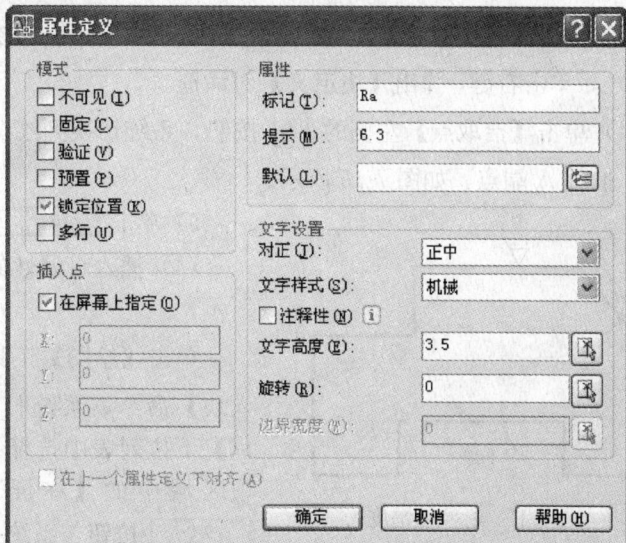

【属性定义】对话框中常用选项功能如下。

【不可见】：控制属性值在图形中的可见性。如果想使图中包含属性信息，又不想使其在图形中显示出来，就选中此复选框。

【固定】：选中此复选框，属性将为常量。

【验证】：设置是否对属性值进行校验。若选中此复选框，则插入块并输入属性值后，系统命令行将再次给出提示，让用户校验输入值是否正确。

【预置】：该复选框用于设定是否将实际属性值设置成默认值。若选中此复选框，则插入块时，系统将不再提示用户输入新属性值，实际属性值等于【默认】文本框的值。

【对正】：该下拉列表中包含了十多种属性文字的对齐方式，如调整、中心、中间、左及右等。

【文字样式】：从该下拉列表中选择文字样式。

【文字高度】：用户可直接在文本框内输入属性文字高度，或单击其右侧的按钮切换到绘图窗口，在绘图区中拾取两点以指定高度。

【旋转】：设定属性文字旋转角度。

（3）创建带属性的粗糙度图块。

1）单击【绘图】工具栏中的 按钮，系统打开【块定义】对话框，如图 7-6 所示。

2）在【名称】文本框中输入新建图块的名称"粗糙度"。

3）单击【选择对象】左侧的 按钮，系统切换到绘图窗口，选择带属性的粗糙度符号，单击右键，弹出【块定义】对话框。

4）单击【拾取点】左侧的 按钮，系统切换到绘图窗口，并提示"指定插入基点"，捕捉 A 端点，如图 7-15 所示。

5）单击 确定 按钮，系统生成带属性图块。

（4）插入带属性的块，标注粗糙度，如图 7-17 所示。

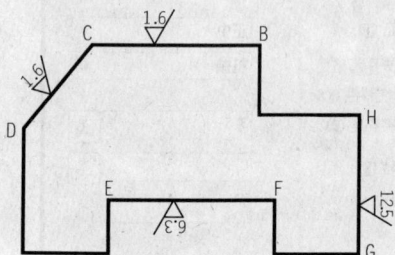

单击【绘图】工具栏中的 按钮，启动【插入块】命令，系统打开【插入】对话框，在【名称】下拉列表中选择"粗糙度"，选中【旋转】选项区域中的【在屏幕上指定】复选框，单击 确定 按钮，系统提示：

图 7-17　标注粗糙度

```
命令: _ insert
指定插入点或[基点(B)/比例(S)/X/Y/Z/旋转(R)]:          //单击 BC 线上的一点
指定旋转角度<0>:                                      //单击 B 点
输入属性值                                            //输入属性值
RA:1.6
```

```
命令: _ insert
指定插入点或[基点(B)/比例(S)/X/Y/Z/旋转(R)]:          //单击 CD 线上的一点
指定旋转角度<0>:                                      //单击 C 点
输入属性值                                            //输入属性值
RA:1.6
```

```
命令: _ insert
指定插入点或[基点(B)/比例(S)/X/Y/Z/旋转(R)]:          //单击 EF 线上的一点
指定旋转角度<0>:                                      //单击 E 点
输入属性值                                            //输入属性值
RA:6.3
```

```
命令: _ insert
指定插入点或[基点(B)/比例(S)/X/Y/Z/旋转(R)]:          //单击 GH 线上的一点
指定旋转角度<0>:                                      //单击 G 点
输入属性值                                            //输入属性值
RA:12.5
```

（5）编辑块属性，把 EF 及 GH 两条边的粗糙度颠倒的参数值调转到正确的位置上，把CB边上粗糙度参数的错误值1.6改为正确值3.2，如图7-18所示。

单击菜单【修改】/【对象】/【属性】/【单个】(或者双击需更改的属性参数值)，启动命令。

单击EF边上的粗糙度参数，系统打开【增强属性编辑器】对话框，如图7-19所示。

选择【文字选项】选项卡，选中【反向】和【倒置】复选框，单击 确定 按钮，EF边上的粗糙度参数6.3调转到正确的位置上了。

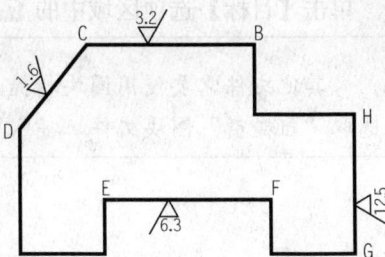

图 7-18　编辑粗糙度

用同样的方法，把GH的粗糙度颠倒的参数值调转到正确的位置。

双击CD边上的粗糙度参数值，启动【属性】编辑命令，系统打开【增强属性编辑器】对话框，选择【属性】选项卡，把【值】文本框内的数值1.6改为3.2，完成更改参数值3.2的操作，如图7-20所示。

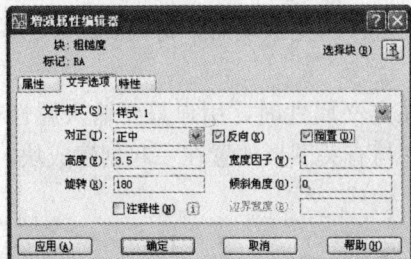

图 7-19　【增强属性编辑器】对话框

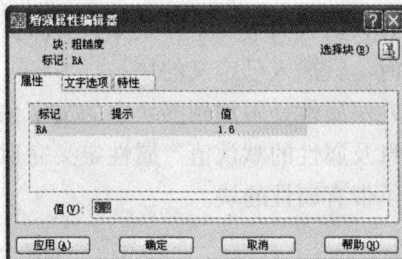

图 7-20　【属性】选项卡

(6) 写"粗糙度"图块。

输入命令行：WBLOCK，启动【写块】命令，弹出【写块】对话框，如图7-21所示。选中源选项区域的【块】复选框，并在下拉列表中选择"粗糙度"。

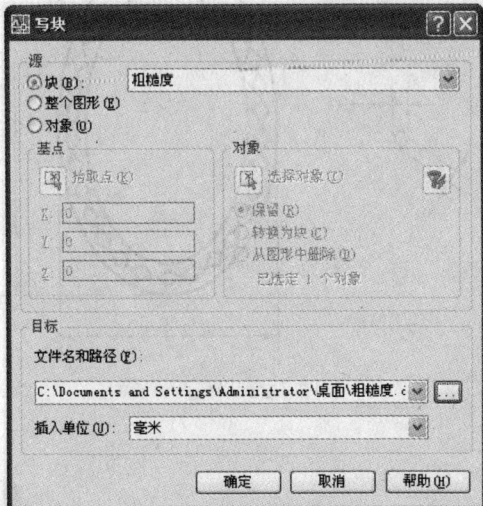

图 7-21　【写块】对话框

单击【目标】选项区域中的 ▢ 按钮，选择路径为：桌面/粗糙度。

其他文件需要使用图块粗糙度时，可打开【插入块】对话框，单击 ▢ 按钮，选取"粗糙度"图块文件，插入图块，提高绘图效率。

项目小结

本项目学习了定数等分及定距等分、图块命令的操作，小结如下。

（1）查询图形对象的信息。用距离命令计算两点间的距离；用面积命令计算面积及周长，当图形复杂时，可以先把图形创建成面域，然后进行查询；用列表显示命令显示对象的图形信息。

（2）学习了创建等分点的方法。这些点并不分割对象，只是标明等分的位置。

（3）块是将一组实体放置在一起形成的单一对象。把重复出现的图形创建成块，可以使设计人员大大提高工作效率，并减少图样的规模。生成块后，每当要绘制与块相同的图形时，就插入已定义的块。

（4）块属性是附加到图块中的文字信息，在定义属性时，用户只要输入属性标签、提示信息及属性的默认值。属性定义完后，将它与有关图形放置在一起创建成块，这样就建立了带有属性的块。

动手练习

（1）用定数等分点等命令绘制如图 7-22 所示的椭圆镜子。

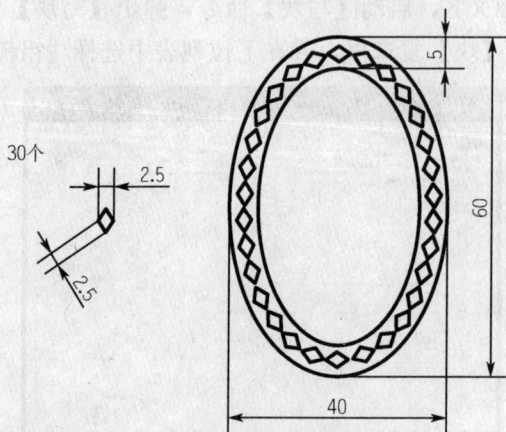

图 7-22　镜子

（2）创建图块，标注如图 7-23 所示的粗糙度参数。

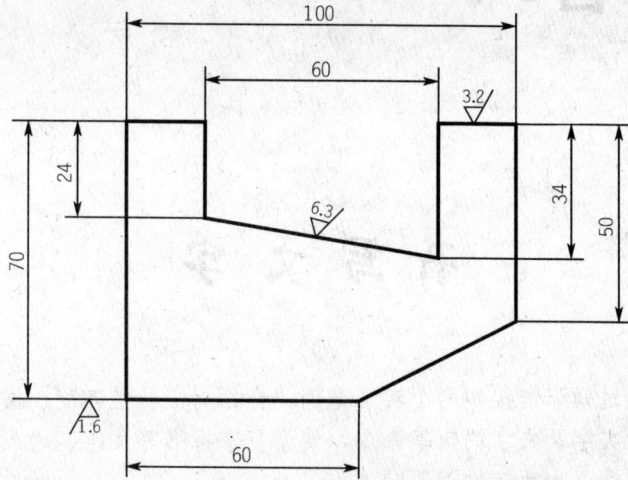

图 7-23　平面图

项目八

书写文字

本项目通过知识链接和两个实训范例，介绍对象特性匹配、文字样式、单行文字、多行文字及文字编辑等命令，使学员掌握书写文字、输入特殊字符和编辑文字的方法。本项目推荐课时为 4 课时。

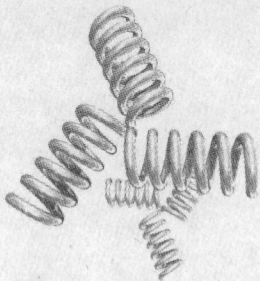

知识目标

(1) 对象特性匹配。
(2) 创建文字样式。
(3) 书写单行文字及多行文字。
(4) 编辑文字内容及特性。

能力目标

(1) 掌握使用对象匹配编辑图形的方法。
(2) 掌握文字样式的设置方法。
(3) 掌握使用单行文字书写的方法。
(4) 掌握使用多行文字进行文字书写的方法。
(5) 掌握输入特殊字符的方法。
(6) 掌握使用 DDEDIT 命令编辑单行文字或多行文字的方法。
(7) 掌握使用 PROPERTIES 命令修改文本的方法。

知 识 链 接

一、对象特性匹配

对象匹配命令是一个非常有用的工具，用户可使用此命令将源对象的属性（如颜色、线型、图层、线型比例、文字样式、尺寸样式等）传递给目标对象。操作时，用户输入对象匹配命令（单击【标准】工具栏的 🖋 按钮），然后再选择两个对象，第一个是源对象，第二个是目标对象。

选择源对象后，鼠标指针变成类似"刷子"的形状，用此"刷子"来选取接受属性匹配的目标对象，源对象的属性则传递给目标对象。

如果用户仅想使目标对象的部分属性与源对象相同，可以选择源对象后，输入 S（或者单击右键，弹出快捷菜单，选取"设置"选项），弹出【特性设置】对话框，如图 8-1 所示。默认情况下，AutoCAD 选中该对话框中所有源对象的属性进行复制，但用户也可以指定仅将其中部分属性传递给目标对象。

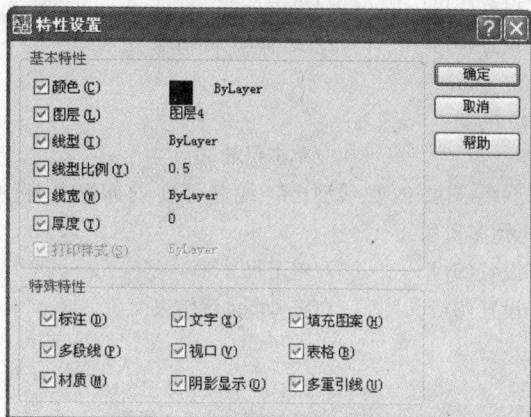

图 8-1 【特性设置】对话框

【案例】绘制 8-2 (a) 图，再用对象匹配编辑命令把如图 8-2 所示的 (a) 图修改成 (b) 图。

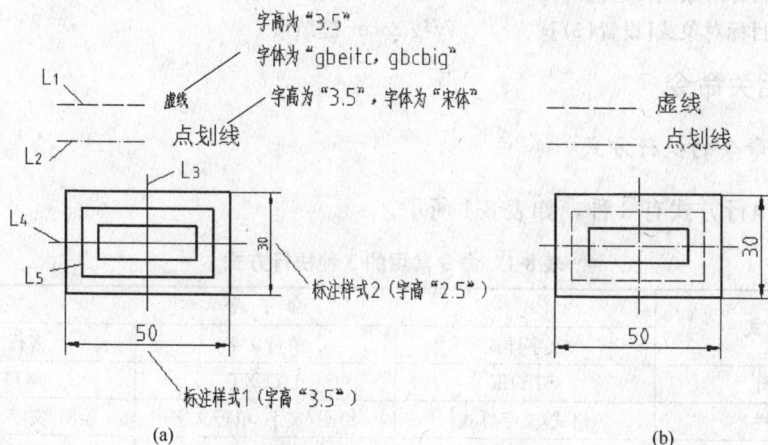

(a)   (b)

图 8-2 对象匹配命令编辑图形

单击【标准】工具栏中的 ✎ 按钮（或者单击菜单【修改】/【特性匹配】），启动对象匹配命令，AutoCAD 提示如下。

> 命令：_ matchprop
> 选择源对象：　　　　　　　　//单击 L₁
> 当前活动设置：颜色 图层 线型 线型比例 线宽 厚度 打印样式 标注 文字 填充图案 多段线 视口 表格材质 阴影显示 多重引线
> 选择目标对象或[设置(S)]：　　//单击 L₅
> 选择目标对象或[设置(S)]：　　//按 Enter 键结束

> 命令：_ matchprop
> 选择源对象：　　　　　　　　//单击 L₂
> 当前活动设置：颜色 图层 线型 线型比例 线宽 厚度 打印样式 标注 文字 填充图案 多段线 视口 表格材质 阴影显示 多重引线
> 选择目标对象或[设置(S)]：　　//单击 L₃
> 选择目标对象或[设置(S)]：　　//单击 L₄
> 选择目标对象或[设置(S)]：　　//按 Enter 键结束

> 命令：_ matchprop
> 选择源对象：　　　　　　　　//单击尺寸30
> 当前活动设置：颜色 图层 线型 线型比例 线宽 厚度 打印样式 标注 文字 填充图案 多段线 视口 表格材质 阴影显示 多重引线
> 选择目标对象或[设置(S)]：　　//单击尺寸50
> 选择目标对象或[设置(S)]：　　//按 Enter 键结束

> 命令：_ matchprop
> 选择源对象：　　　　　　　　//选择字体"点划线"
> 当前活动设置：颜色 图层 线型 线型比例 线宽 厚度 打印样式 标注 文字 填充图案 多段线 视口 表格材质 阴影显示 多重引线
> 选择目标对象或[设置(S)]：　　//选择字体"虚线"
> 选择目标对象或[设置(S)]：　　//按 Enter 键结束

二、认识相关命令

1. 相关命令的执行方式

命令的执行方式有 3 种，如表 8-1 所示。

表 8-1　命令常用的 3 种执行方式

执行方式	命令		
	文字样式	单行文字	多行文字
命令行	STYLE	DTEXT	MTEXT
菜单栏	格式/文字样式	绘图/文字/单行文字	绘图/文字/多行文字
工具栏	样式/ **A**		绘图/ **A**

续表

执行方式	命 令		
	文字编辑	对象特征	
命令行	DDEDIT	PROPERTIES	
菜单栏	修改/对象/文字/编辑	修改/特性	
工具栏		标准/	

2. 命令的功用

文字样式——文字样式主要控制与文本链接的字体、字符宽度、文字倾斜角度及高度等项目。

单行文字——用单行文字命令可以灵活地创建文字项目。启动此命令后，用户不仅可以设定文本的对齐方式及文字的倾斜程度，而且还能用十字光标在不同的地方选取点。对定位文本的位置，该特性使用户只发出一次命令就能在图形的任何区域放置文本。另外单行文字命令还提供了屏幕预演的功能，即在输入文字的同时该文字也将在屏幕上显示出来，这样用户就能很容易地发现文本输入的错误。

多行文字——多行文字能创建复杂的文字说明。用多行文字命令生成的文字段落称为多行文字，它可以由任意数目的文字行组成，所有的文字构成一个单独的实体。使用多行文字命令时，用户可以指定文字分布的宽度，但文字沿竖直方向可以无限延伸。另外，用户还能设置多行文字中单个字符或某一部分文字的属性（包括文字的字体、倾斜角度和高度等）。

文字编辑——使用文字编辑命令编辑单行文字或多行文字。选择的对象不同，系统将打开不同的对话框。用此命令编辑文本的优点是，其连续地提示用户选择要编辑的对象，因而，只要发出命令就能一次修改许多文字对象。

对象特征——启动此命令，选择要修改的文字，即可修改文字的内容。此命令还可编辑文本的其他属性，如倾斜角度、对齐方式、高度、文字样式等。

任务一 创建文字样式及单行文字

任务分析

输入单行文字，字高为"5"，字体为"gbeitc, gbcbig"，如图 8-3 所示。再进行编辑单行文字，把"直径 φ8"改为"圆孔直径 φ8"，把"厚度 0.8"改为"钢板厚度 0.8"，把"倾斜角度 115°"改为"矩形孔倾斜角度 115°"，字高改为 3.5，学习创建文字样式，书写及编辑单行文字的方法。

任务特点：由水平及垂直两种方式放置的单行文字及特殊字符所构成。

要点提示：按照书写的文字要求，设置文字样式，书写文字，并输入特殊字符，编辑文字。

使用命令：文字样式、单行文字、编辑文字等。

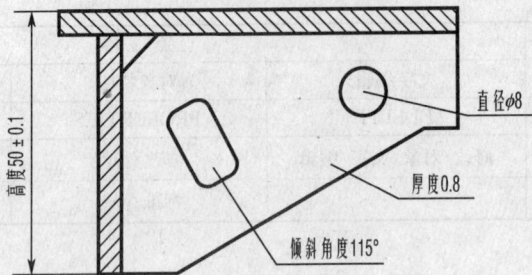

图 8-3　书写及编辑单行文字

任务目标

(1) 掌握创建文本样式的方法。
(2) 掌握单行文字的输入方法。
(3) 掌握单行文字的特殊字符的输入方法。
(4) 掌握单行文字的编辑方法。
(5) 熟练书写单行文字。

任务实施

一、操作流程图

操作流程如图 8-4 所示。

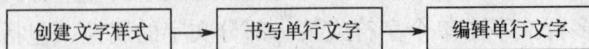

```
创建文字样式  →  书写单行文字  →  编辑单行文字
```

图 8-4　流程图

二、操作步骤

(1) 创建文字样式。

文字样式主要控制与文本链接的字体、字符宽度、文字倾斜角度及高度等项目。另外，用户还可以通过它设计出相反的、颠倒的以及竖直方向的文本。用户可以针对不同风格的文字创建对应的文字样式，这样在输入文本时就可以用相应的文字样式来控制文本的外观。

下面介绍创建符合国标规定的文字样式的方法。

1) 单击【样式】工具栏中的 按钮，打开【文字样式】对话框，如图 8-5 所示。

2) 单击 新建(N)... 按钮，弹出【新建文字样式】对话框，在【样式名】文本框内输入"机械"，如图 8-6 所示。

3) 单击 确定 按钮，返回【文字样式】对话框，在【字体】下拉列表中选择"gbeitc.shx"选项。再选中【使用大字体】复选框，然后在【大字体】下拉列表中选择"gbcbig.shx"选项，如图 8-5 所示。

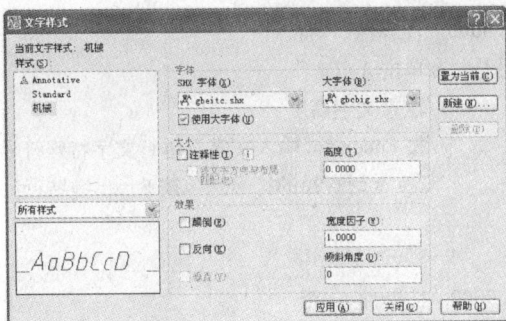

图 8-5 【文字样式】对话框

图 8-6 【新建文字样式】对话框

4）单击 [应用(A)] 按钮，再单击 [置为当前(C)] 按钮，使新创建的文字样式成为当前样式，退出【文字样式】对话框。

> 【文字样式】对话框中的常用选项功能如下。
>
> [新建(N)...] 按钮：单击此按钮，就可以创建新文字样式。
>
> [删除(D)] 按钮：在【样式】列表框中选择一个文字样式，再单击此按钮将其删除。当前样式及正在使用的样式不能被删除。
>
> 【字体】：在此下拉列表中列出了所有字体的清单。带有双"T"标志的字体是 Windows 系统提供的"TrueType"字体，其他字体是 AutoCAD 自己的字体(*.shx)，其中"gbenor.shx"和"gbeitc.shx"（斜体西文）字体是符合国标的工程字体。
>
> 【使用大字体】复选框：大字体是指专为亚洲国家设计的文字字体。其中，"gbcbig.shx"字体是符合国标的工程汉字字体，该字体文件还包含一些常用的特殊符号。由于"gbcbig.shx"中不包含西文字体定义，因而使用时可将其与"gbenor.shx"和"gbeitc.shx"字体配合使用。
>
> 【高度】：输入字体的高度，如果用户在该文本框中指定了文字高度，则当使用"单行文字"命令时，AutoCAD 命令行将不提示"指定高度"。
>
> 【颠倒】：选中此复选框，文字将上下颠倒显示，该选项仅影响单行文字。
>
> 【反向】：选中此复选框，文字将首尾反向显示，该选项仅影响单行文字。
>
> 【垂直】：选中此复选框，文字将沿竖直方向排列。
>
> 【宽度因子】：默认的宽度因子为 1。若输入小于 1 的数值，则文字将变窄，否则，文字变宽。
>
> 【倾斜角度】：该选项指定文字的倾斜角度。角度值为正时向右倾斜，为负时向左倾斜。

（2）书写单行文字及输入特殊字符。切换到文字行，书写文字，如图 8-7 所示。

单击菜单栏【绘图】/【文字】/【单行文字】，启动【单行文字】命令，系统提示：

命令：_ dtext

当前文字样式："机械"文字高度： 2.5000   注释性： 否

指定文字的起点或[对正(J)/样式(S)]：   //单击 A 点

指定高度＜2.5000＞:5   //输入文字高度

指定文字的旋转角度＜0＞：   //按 Enter 键,输入文字及单行文字特殊符号:
"％％c(直径的符号)8"，按 Enter 键结束

命令：_ dtext

当前文字样式："机械"文字高度： 5.0000   注释性： 否

指定文字的起点或[对正(J)/样式(S)]：   //单击 B 点

指定高度＜5.0000＞：   //按 Enter 键

指定文字的旋转角度＜0＞：   //按 Enter 键,输入文字及数值:"钢板厚度0.8",
按 Enter 键结束

命令：_ dtext

当前文字样式："机械"文字高度： 5.0000   注释性： 否

指定文字的起点或[对正(J)/样式(S)]：   //单击 C 点

指定高度＜5.0000＞：   //按 Enter 键

指定文字的旋转角度＜0＞：   //按 Enter 键,输入文字及单行文字特殊符号:"矩形
孔倾斜角度％％d(角度的符号)"，按 Enter 键结束

命令：_ dtext

当前文字样式："机械"文字高度： 5.0000   注释性： 否

指定文字的起点或[对正(J)/样式(S)]：   //单击 D 点

指定高度＜5.0000＞：   //按 Enter 键

指定文字的旋转角度＜0＞:90   //输入角度值,输入文字及单行文字特殊符号:"高
度50％％p(±符号)0.1"，按 Enter 键结束

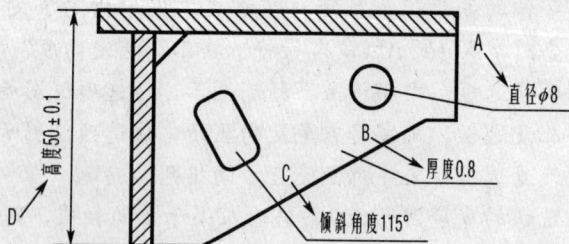

图 8-7   书写单行文字

工程图中许多符号不能用标准键盘直接输入，必须通过特殊的代码来产生特殊的字符。单行文字特殊字符如表 8-2 所示。

表 8-2 单行文字特殊字符

代码	字符	代码	字符
%%o	文字的上划线	%%p	表示"±"
%%u	文字的下划线	%%c	直径代号
%%d	角度的度符号		

【单行文字】命令选项说明：

样式 (S)： 选择文字样式。

对正 (J)： 选择这个选项，系统会弹出 14 种文字对正的方式，即［对齐 (A) /调整 (F) /中心 (C) /中间 (M) /右 (R) /左上 (TL) /中上 (TC) /右上 (TR) /左中 (ML) /正中 (MC) /右中 (MR) /左下 (BL) /中下 (BC) /右下 (BR)］，各选项的含义如下。

对齐 (A)： 选择此选项，系统命令行提示指定文字分布的起点和终点，输入的文字将充满宽度的范围，文字的高度全按适当的比例进行调整。

调整 (F)： 选择此选项，系统命令行提示指定文字分布的起点、终点及文字的高度值，文字将按这 3 个要求进行分布。

其他 12 个选项的含义如图 8-8 所示。

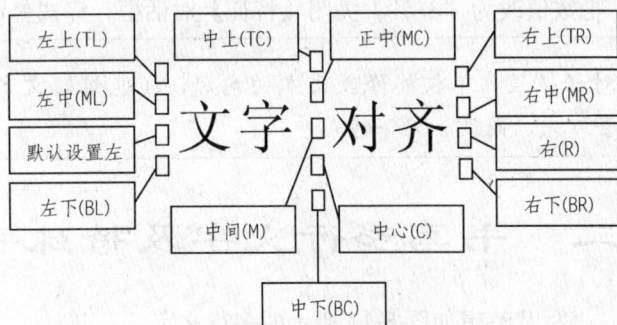

图 8-8 【单行文字】命令选项含义

（3）编辑单行文字。把 A 处的文字改为"圆孔直径 φ8"，把 B 处的文字改为"钢板厚度 0.8"，把 C 处的文字改为"矩形孔倾斜角度 115°"，并把它们的字高改为"3.5"，如图 8-9 所示。

1）修改单行文字内容。

单击菜单【修改】/【对象】/【文字】/【编辑】，启动编辑单行文字命令，系统提示：

```
命令：_ddedit
选择注释对象或[放弃(U)]:          //单击 A 处的文字进行编辑,单击左键确定
选择注释对象或[放弃(U)]:          //单击 B 处的文字进行编辑,单击左键确定
选择注释对象或[放弃(U)]:          //单击 C 处的文字进行编辑,单击左键确定
```

选择注释对象或[放弃(U)]:   //按 Enter 键结束

2）修改单行文字字高，把原来的字高 5 改为 3.5。

单击【标准】工具栏中的 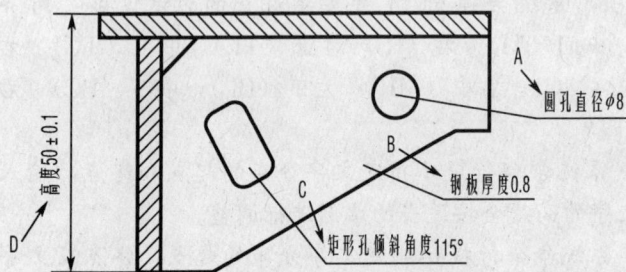 按钮，打开【特征】对话框，如图 8-10 所示。

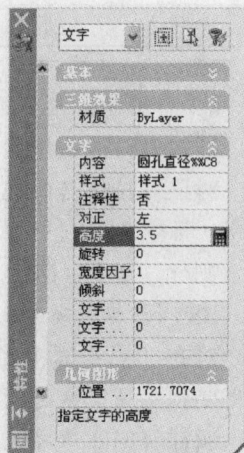

图 8-9 编辑单行文字   图 8-10 【特性】对话框

分别单击 A、B、C 及 D 侧面的文字，在【特征】对话框的【文字】选项区域中的【高度】文本框中，把数值改为"3.5"。关闭【特征】对话框，完成修改单行文字字高。

> 在【特征】对话框里，不仅能修改文本的内容，还能编辑文本其他的属性，如倾斜角度、对齐方式、高度、文字样式等。

任务二 书写多行文字及特殊字符

书写及编辑如图 8-11 所示的多行文字。

任务分析

任务特点：在表格正中位置填写文字，在图纸中填写文字段落、添加特殊字符、编辑文字。

要点提示：设置文字样式，用正中的对正样式填写文本表格，书写文字段落，添加特殊字符，编辑多行文字。

使用命令：文字样式、多行文字、编辑文字。

任务目标

（1）掌握用多行文字填写表格的方法。

（2）掌握用多行文字书写段落文字的方法。

（3）掌握在多行文字中添加特殊字符的方法。

（4）掌握编辑多行文字的方法。

技 术 要 求
1.φ25H9对刮面的垂直度≤0.03/100
2.铸件需经时效处理HB170-229
3.未注铸造圆角R3

		12	25	25
(名称)		比例		(图号)
		材料		
制图	(签名)	(日期)	(学校、班级名称)	
审核	(签名)	(日期)		

90
32
8
12 25 25
140

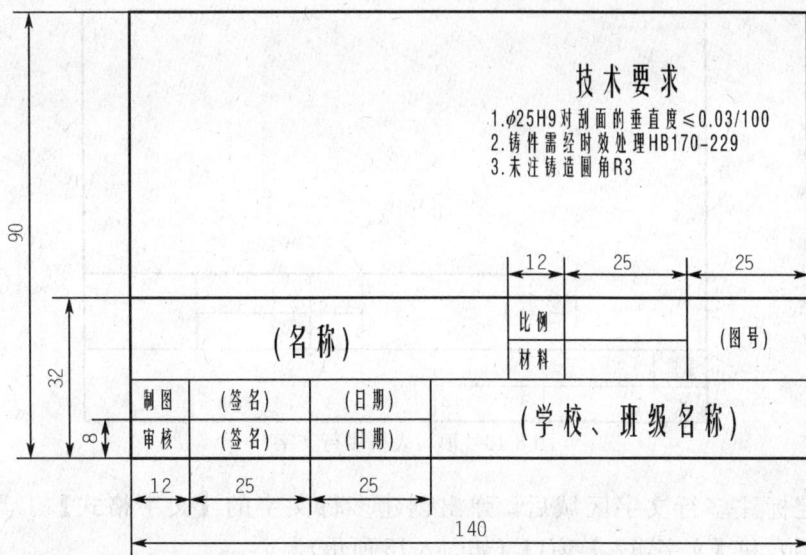

添加多行文字
　　"(名称)"、"(学校、班级名称)"及"技术要求"等字高为"5",其余字高为"3.5"
字体为"gbeitc, gbcbig"

编辑多行文字
　　把"(名称)"改为"(零件名称)",把"(学校、班级名称)"改为"(单位名称)",字高为"6"

图 8-11　书写及编辑多行文字

一、操作流程图

任务实施

　　操作流程如图 8-12 所示。

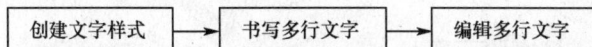

创建文字样式 → 书写多行文字 → 编辑多行文字

图 8-12　流程图

二、操作步骤

　　(1) 创建文字样式。

　　(2) 启动【多行文字】命令,书写标题栏表格里的文字,如图 8-13 所示。

　　1) 单击【绘图】工具栏中的 **A** 按钮,启动【多行文字】命令,系统提示:

命令:_mtext 当前文字样式:"机械"文字高度:3.5注释性:否

指定第一角点:　　　　　　　　　　　//单击 A 点

指定对角点或[高度(H)/对正(J)/行距(L)/旋转(R)/样式(S)/宽度(W)/栏(C)]:J

　　　　　　　　　　　　　　　　//选择"对正"选项

输入对正方式[左上(TL)/中上(TC)/右上(TR)/左中(ML)/正中(MC)/右中(MR)/左下(BL)/中下(BC)/右下(BR)]

＜左上(TL)＞:MC　　　　　　　　　　//选择"正中"选项

指定对角点或[高度(H)/对正(J)/行距(L)/旋转(R)/样式(S)/宽度(W)/栏(C)]:

　　　　　　　　　　　　　　　　//单击 B 点

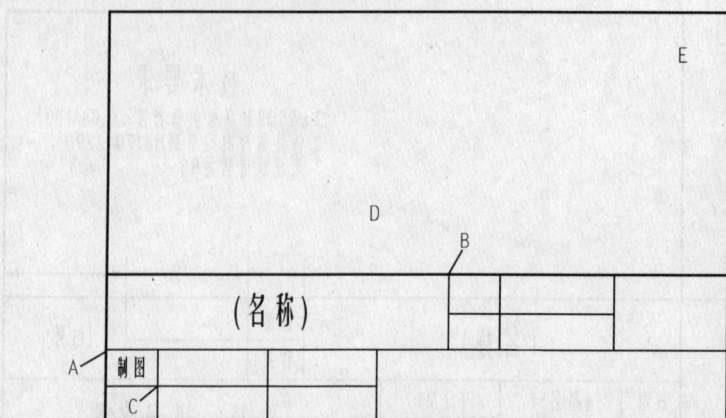

图 8-13　填写表格多行文字

当确定标注多行文字区域后，弹出创建多行文字的【文字格式】工具条（如图 8-14所示）和【文字输入】窗口（如图 8-15 所示）。

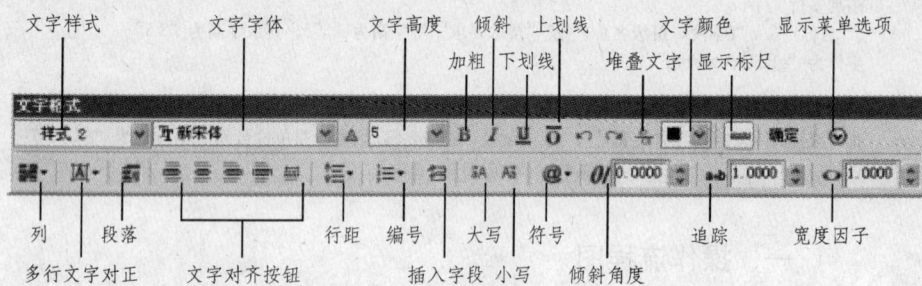

图 8-14　【文字格式】工具条

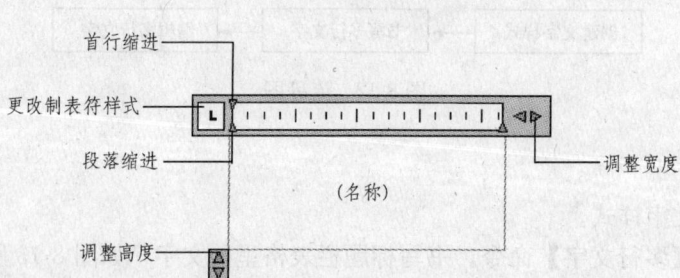

图 8-15　【文字输入】窗口

在【文字格式】工具条的【文字高度】文本框中输入数值"5"，然后在【文字输入】窗口中输入文字"（名称）"，单击 确定 按钮。

重复多行文字命令。

```
命令:_mtext 当前文字样式:"机械" 文字高度: 3.5 注释性: 否
指定第一角点:                                              //单击 A 点
指定对角点或[高度(H)/对正(J)/行距(L)/旋转(R)/样式(S)/宽度(W)/栏(C)]:J
                                                     //选择"对正"选项
```

输入对正方式[左上(TL)/中上(TC)/右上(TR)/左中(ML)/正中(MC)/右中(MR)/左下(BL)/中下(BC)/右下(BR)]

　　＜左上(TL)＞:MC　　　　　　　　　　　　　　　　　　//选择"正中"选项

　　指定对角点或[高度(H)/对正(J)/行距(L)/旋转(R)/样式(S)/宽度(W)/栏(C)]:

　　　　　　　　　　　　　　　　　　　　　　　　　　//单击C点

在【文字格式】工具条的【文字高度】文本框中输入数值"3.5",然后在【文字输入】窗口中输入文字"制图",单击 确定 按钮。

同样,继续书写表格里的其他文字。

2) 启动【多行文字】命令,书写技术要求的文字。

单击【绘图】工具栏 **A** 按钮,启动多行文字命令,系统提示:

　　命令: _ mtext 当前文字样式:"机械" 文字高度: 3.5 注释性: 否

　　指定第一角点:　　//单击D点

　　指定对角点或[高度(H)/对正(J)/行距(L)/旋转(R)/样式(S)/宽度(W)/栏(C)]:

　　　　　　　　　　　　//单击E点,输入图纸中的文字及特殊字符"≤"

以下讲述技术要求里特殊符号"≤"的书写方法。

① 单击【绘图】工具栏中的 **A** 按钮,弹出【文字格式】对话框,单击 @▾ 按钮,弹出的菜单如图 8-16 所示,选择【其他】选项,弹出【字符映射表】对话框,如图 8-17所示。

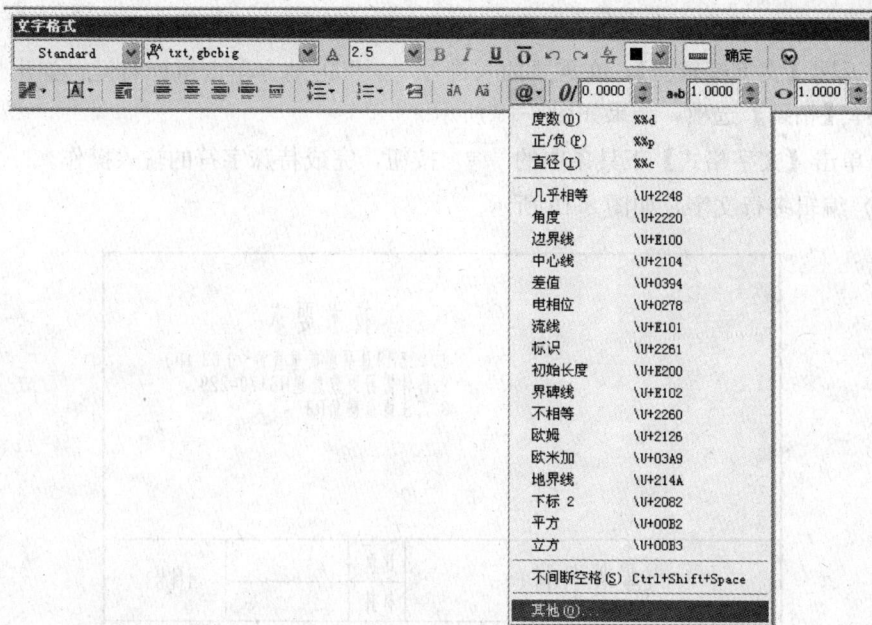

图 8-16　单击 @▾ 按钮弹出的菜单

② 选中【高级查看】复选框,在【分组】下拉列表中选择【Unicoge 子范围】,弹出【分组】对话框,如图 8-18 所示。

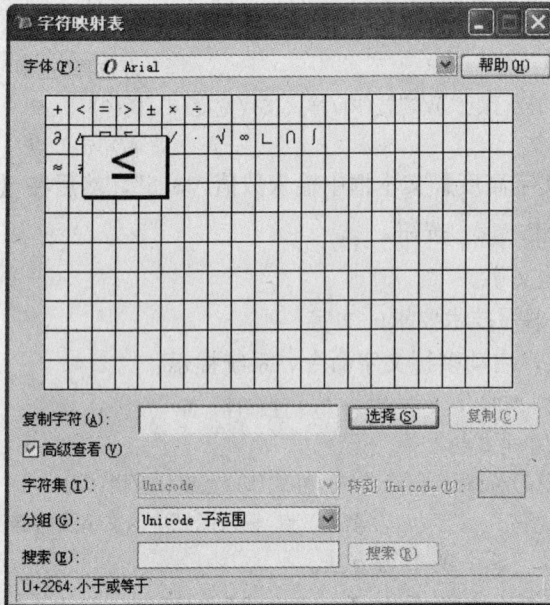

图 8-17 【字符映射表】对话框　　　　图 8-18 【分组】对话框

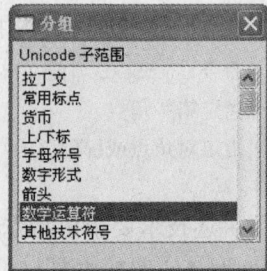

③ 选择【数学运算符】选项，在【字符映射表】里选择需要的字符"≤"，单击 选择(S) 按钮，再单击 复制(C) 按钮。

④ 返回【文字编辑器】，在需要插入符号"≤"的地方单击鼠标右键，弹出快捷菜单，选择【粘贴】选项，结果如图 8-19 所示。

⑤ 单击【文字格式】工具条中的 确定 按钮，完成特殊字符的输入操作。

(3) 编辑多行文字，如图 8-19 所示。

技术要求
1. ϕ25H9对剖面的垂直度≤0.03/100
2. 铸件需经时效处理HB170-229
3. 未注铸造圆角R3

图 8-19 编辑多行文字

单击菜单【修改】/【对象】/【文字】/【编辑】（或者双击要编辑的文字），启动【编辑文字】命令，系统提示：

> 命令：_ddedit
>
> 选择注释对象或[放弃(U)]:
>
> //单击"(名称)"，在弹出的【文字格式】对话框里修改文字及字高
>
> 选择注释对象或[放弃(U)]:
>
> //单击"(学校班级、名称)"，在弹出的【文字格式】对话框里修改文字及字高

项目小结

本项目学习了单行文字及多行文字等命令的操作，小结如下。

（1）用对象匹配命令修改图形元素的特性。这个命令可以将源对象的全部或部分属性传递给目标对象，提高绘图效率。

（2）创建文字样式。文字样式决定了 AutoCAD 图形中文本的外观，默认情况下，当前文字样式是 Standard，但用户可以创建新的文字样式。文字样式是文本设置的集合，它决定了文本的字体、高度、宽度、倾斜角度等特性，通过修改某些设定，就能快速地改变文本的外观。

（3）用 DTEXT 命令创建单行文字，用 MTEXT 命令创建多行文字。DTEXT 命令的最大优点是它能一次在图形的多个位置放置文本而无需退出命令。而 MTEXT 命令则提供了许多在 Windows 字处理中才有的功能，如建立下划线文字、在段落文本内部使用不同的字体及创建堆叠文字等。

（4）DDEDIT 命令可以编辑文字内容，PROPERTIES 命令可以修改更多的文字特性。

动手练习

（1）在图 8-20 中加入单行文字，字高为"3.5"，字体为"宋体"。

（2）在图 8-21 中加入单行文字，字高为"5"，字体为"楷体"。

（3）在图 8-22 中加入单行文字，字高为"4"，字体为"楷体"。

（4）在图 8-23 中加入多行文字，按照"机械制图"的要求设置字体与字高。

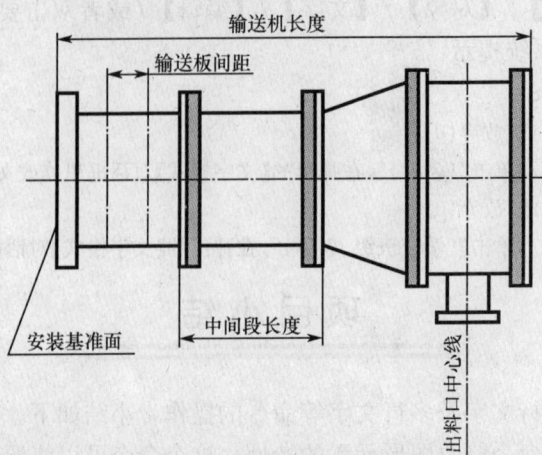

图 8-20　输入单行文字

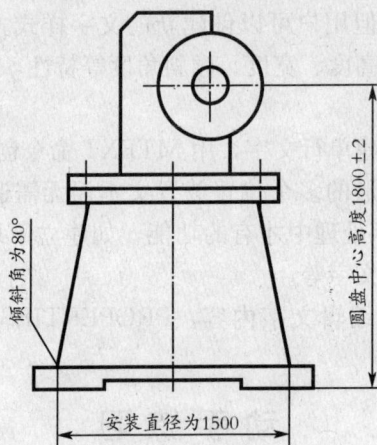

图 8-21　输入单行文字

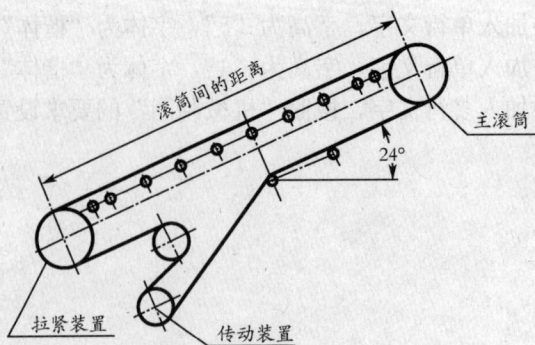

图 8-22　输入单行文字

模数	m	
齿数	z	
齿形角	α	20°
精度等级		
齿圈径向跳动公差	Fr	Fr
公法线长度公差	Fw	
基节极限偏差	f_{pb}	± 0.013
齿形公差	f_t	
公法线长度极限偏差		$21.48_{-0.155}^{-0.105}$
极限齿数	k	

技术要求

齿面高频淬火50~55HRC

齿轮			比例		
			材料		
制图			单 位		
审核					

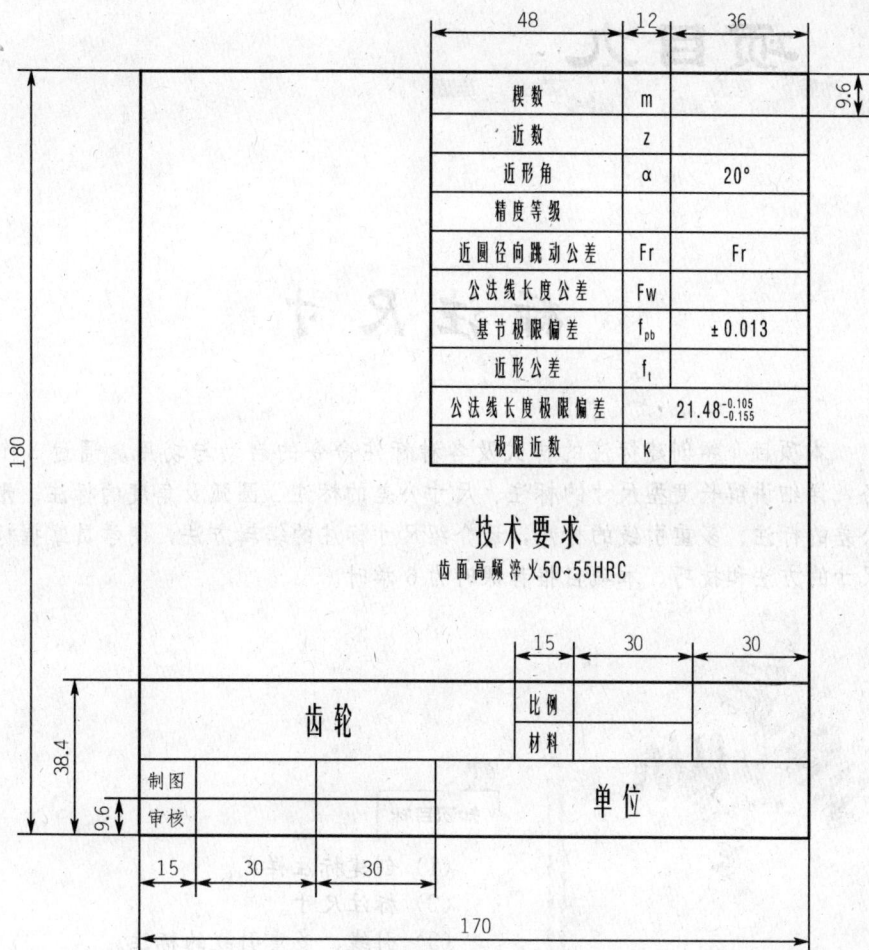

图 8-23 输入多行文字

项目九

标注尺寸

　　本项目介绍创建标注的样式及各种标注命令的启动与功用。通过 3 个任务，详细讲解长度型尺寸的标注、尺寸公差的标注、圆弧及角度的标注、形位公差的标注、多重引线的标注，还介绍尺寸标注的编辑方法，使学员掌握标注尺寸的方法和技巧。本项目推荐课时为 6 学时。

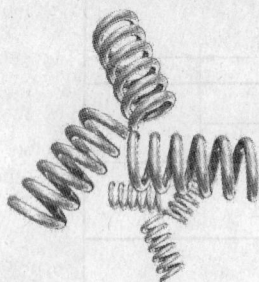

知识目标

（1）创建标注样式。
（2）标注尺寸。
（3）引线、多重引线的标注。
（4）编辑尺寸标注对象。

能力目标

（1）掌握创建标注样式的方法。
（2）掌握长度型、圆弧型及角度型尺寸的标注。
（3）掌握尺寸公差的标注。
（4）掌握形位公差的标注。
（5）掌握引线及多重引线的标注方法。
（6）掌握编辑尺寸标注对象的方法。
（7）熟练标注尺寸及编辑标注尺寸。

知 识 链 接

一、尺寸标注的组成

如图 9-1 所示，一个完整的尺寸标注对象由尺寸界线、尺寸线、尺寸箭头和尺寸文字 4 个要素构成。AutoCAD 的尺寸标注命令和样式设置，都是围绕着这 4 个要素进行的。

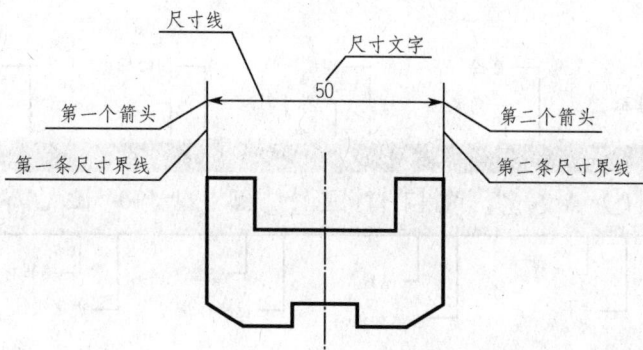

图 9-1 尺寸标注的组成要素

1. 尺寸界线

尺寸界线用于表示所注尺寸的起止范围，一般从图形轮廓线、轴线或对称中心线处引出。

2. 尺寸线

尺寸线绘制于尺寸界线之间，用于表示尺寸的度量方向。尺寸线不能用图形轮廓线代替，也不能和其他图线重合或在其他图线的延长线上，必须单独绘制。标注线性尺寸时，尺寸线必须与所标注的线段平行，一般从图形的轮廓线、轴线或对称中心线处引出。

3. 箭头

箭头用于标识尺寸线的起点和终点。建筑制图的箭头以 45°的粗短线表示，而机械制图的箭头以实心三角形箭头表示。

4. 尺寸文字

尺寸文字不需要根据图样的输出比例变换，而是直接标注尺寸的实际数值的大小，一般由 AutoCAD 自动测量得到。尺寸单位为 mm 时，尺寸文字中不标注单位。

尺寸文字包括数字形式的尺寸文字（尺寸数字）和非数字形式的尺寸文字（如注释，需要人工输入）。

二、认识相关命令

1.尺寸标注命令

为了方便快捷地标注图样中的各个方向和形式的尺寸，AutoCAD 提供了线性标注、径向标注、角度标注和指引标注等多种标注类型。掌握这些标注方法可以为各种图形灵活添加尺寸标注，使其成为生产制造的依据。【标注】工具栏包含了各种标注的工具，如图 9-2 所示。

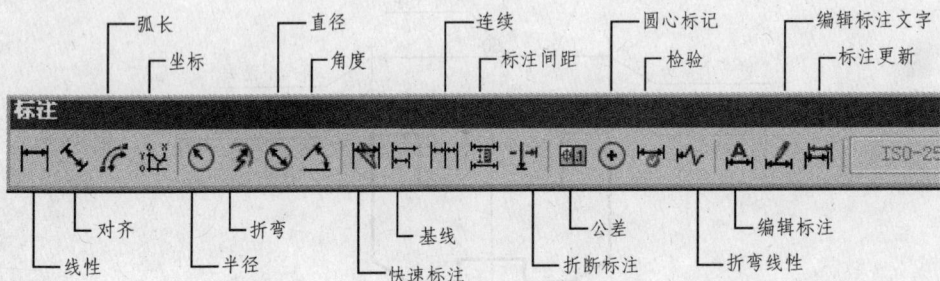

图 9-2 【标注】工具栏

（1）标注命令的执行方式。

标注命令的执行方式如表 9-1 所示。

表 9-1　命令的 3 种常用执行方式

执行方式	命　令				
	线性	对齐	弧长	坐标	半径
命令行	DIMLINEAR	DIMALIGNED	DIMARC	DIMORDINATE	DIMRADIUS
菜单栏	标注/线性	标注/对齐	标注/弧长	标注/坐标	标注/半径
工具栏	标注/	标注/	标注/	标注/	标注/
执行方式	命　令				
	折弯	直径	角度	快速标注	基线
命令行	DIMJOGGED	DIMDIAMETER	DIMANGULAR	QDIM	DIMBASELINE
菜单栏	标注/折弯	标注/直径	标注/角度	标注/快速标注	标注/基线
工具栏	标注/	标注/	标注/	标注/	标注/
执行方式	命　令				
	连续	标注间距	折断标注	公差	圆心标记
命令行	DIMCONTINUE	DIMSPACE	DIMBREAK		DIMCENTER
菜单栏	标注/连续	标注/标注间距	标注/折断标注	标注/公差	标注/圆心标记
工具栏	标注/	标注/	标注/	标注/	标注/

续表

执行方式	命 令				
	检验	折弯线性	编辑标注	编辑标注文字	标注更新
命令行	DIMINSPECT	DIMJOGLINE	DIMEDIT	DIMTEDIT	DIMSTYLE
菜单栏	标注/检验	标注/折弯线性	标注/编辑标注	标注/编辑标注文字	标注/标注更新
工具栏	标注	标注	标注 A	标注	标注

(2) 标注命令的功用。

线性标注——用于标注线性尺寸，该功能可以根据用户操作自动判别标出水平尺寸或垂直尺寸，在指定尺寸线倾斜角后，可以标注斜向尺寸。

对齐标注——用于标注倾斜的线性尺寸。

弧长标注——用于标注圆弧的长度。

坐标标注——用于标注图形对象上某些点相对于坐标原点的 X、Y 坐标值。

半径标注——用于标注小于半圆的圆弧的半径。

折弯标注——用于标注大圆弧的半径。

直径标注——用于标注圆或大于半圆的圆弧的直径。

角度标注——用于标注相交直线间、圆弧及圆上两点间、三点间的角度。

快速标注——用该方式可快速地创建一系列的标注，特别适用于创建一系列基线或连续标注，也可以创建一系列圆、圆弧尺寸的标注。

基线标注——用该方式可快速地标注具有同一起点的若干个相互平行的尺寸，适用于长度尺寸、角度尺寸的标注等。

连续标注——用该方式可快速地标注首尾相接的若干个连续尺寸，适用于长度尺寸、角度尺寸的标注等。

标注间距——可以自动调整图形中现有的平行线性标注和角度标注，使其间距相等或在尺寸线处相互对齐。

折断标注——使用折线标注可以使标注、尺寸延伸线或引线不显示，似乎它们是设计的一部分。

形位公差标注——标注零件的形状和位置公差。

圆心标记——圆心标记可以是过圆心的十字标记，也可以是通过圆心的中心线。

检验——检验标注使用户可以有效地传达检查所制造的部件的频率，以确保标注值和部件公差位于指定范围内。

折弯线性标注——折弯线用于表示不显示实际测量值的标注值。

编辑标注——对完成的标注进行编辑。

编辑标注文字——编辑标注文字的位置。

标注更新——对所标注的内容进行更新。

2. 引线标注及分解命令的介绍

AutoCAD 提供了引线的功能，利用该功能不仅可以标注特定的尺寸，如圆角、倒角等，还可以实现在图中添加多行文字与说明。

（1）命令的输入方式。

命令的常用执行方式有 3 种，如表 9-2 所示。

表 9-2   命令的 3 种执行方式

执行方式	命　　令		
	引线	多重引线	分解
命令行	QLEADER	MLEADER	EXPLODE
菜单栏		标注/多重引线	修改/分解
工具栏		多重引线/	修改/

（2）命令的功用。

引线——QLEADER 命令可快速生成指引线及注释，而且可通过命令优化对话框进行用户自定义，由此可以消除不必要的命令提示，提高绘图效率。

多重引线——MLEADER 命令创建引线标注，可创建为箭头优先、引线优先或内容优先。

多重引线由箭头、引线、基线及多行文字（或图块）组成，其中箭头的形式、引线外观、文字属性及图块形状等由引线控制。

分解——可以将组合对象如多段线、尺寸、填充图案及块分解为组合前的单个元素。

任务一   创建直线型尺寸

标注如图 9-3 所示的直线型尺寸。

任务分析

任务特点：标注的尺寸均为直线型尺寸，包括水平直线、垂直直线及倾斜直线，还有尺寸公差的标注。

要点提示：创建文字样式，创建标注样式，灵活使用线性尺寸、对齐尺寸、连续尺寸及基线尺寸等命令进行直线型尺寸的标注，最后标注尺寸公差。

使用命令：线性、对齐、连续、基线、拉伸等。

任务目标

（1）掌握创建标注样式的方法。
（2）掌握创建线性尺寸及对齐尺寸的方法。
（3）掌握创建基线尺寸及连续尺寸的方法。
（4）掌握尺寸公差的标注方法。
（5）熟练标注直线型尺寸。

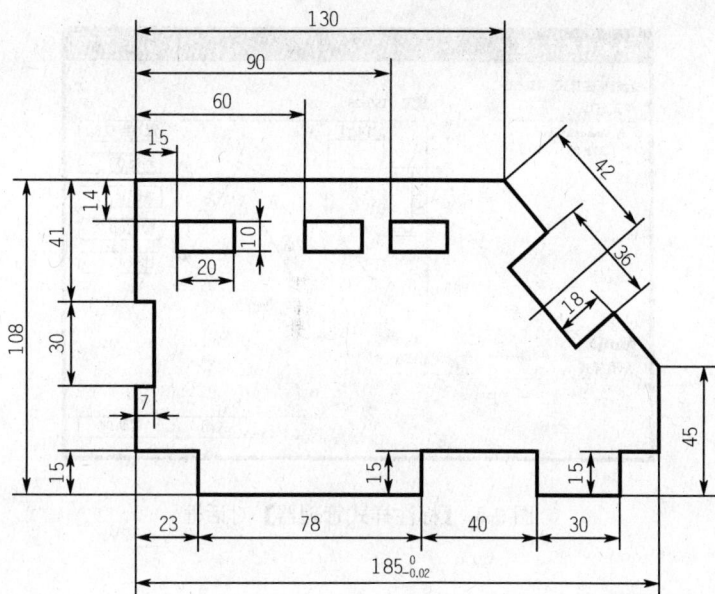

图 9-3　标注直线型尺寸

一、操作流程图

操作流程如图 9-4 所示。

任务实施

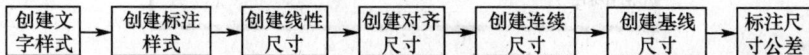

创建文字样式 → 创建标注样式 → 创建线性尺寸 → 创建对齐尺寸 → 创建连续尺寸 → 创建基线尺寸 → 标注尺寸公差

图 9-4　流程图

二、操作步骤

（1）创建文字样式。

建立新的文字样式，样式名为"机械"。与该样式相连的字体文件是"gbenor. shx"（或"gbeitc. shx"）和"gbcbig. shx"。

（2）创建标注样式。

1）单击【样式】选项区域中的 按钮，弹出【标注样式管理器】对话框，如图 9-5所示。通过这个对话框可以命名新的尺寸样式，或修改样式中的尺寸变量。

2）单击 新建(N)... 按钮，弹出【创建新标注样式】对话框，如图 9-6 所示。在该对话框的【新样式名】文本框中输入新的样式名称"机械"，在【基础样式】下拉列表中指定某个尺寸样式作为新样式的基础样式，则新样式包含基础样式的所有设置。此外，还可以在【用于】下拉列表中选择"所有标注"选项，即指新样式将控制所有的类型尺寸。

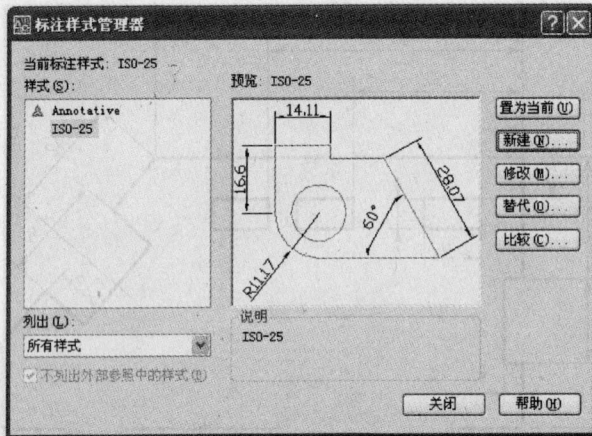

图 9-5 【标注样式管理器】对话框

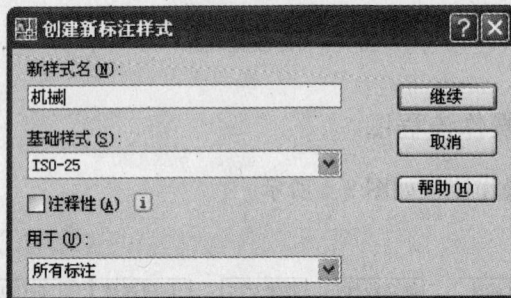

图 9-6 【创建新标注样式】对话框

3）单击 继续 按钮，弹出【新建标注样式：机械】对话框，如图 9-7 所示。

① 在【线】选项卡的【基线间距】、【超出尺寸线】和【起点偏移量】文本框中分别输入 "7"、"3" 和 "0"。

② 在【符号和箭头】选项卡的【第一个】下拉列表中选择 "实心闭合"，在【箭头大小】文本框中输入 "2.5"，该值设定了箭头的长度。

③ 在【文字】选项卡的【文字样式】下拉列表中选择 "机械"，在【文字高度】、【从尺寸线偏移】文本框中分别输入 "3.5" 和 "1"，在【文字对齐】选项区域中选择【与尺寸线对齐】选项。

④ 在【主单位】选项卡，在【线性标注】分组框中的【单位格式】、【精度】和【小数分隔符】下拉列表中分别选择 "小数"、"0.00" 和 "句号"，在【角度标注】选项区域中的【间接格式】和【精度】下拉列表中分别选择 "度/分/秒"、"0d"。

⑤ 单击 确定 按钮得到一个新的尺寸样式，再单击 置为当前(C) 按钮使新样式成为当前样式。

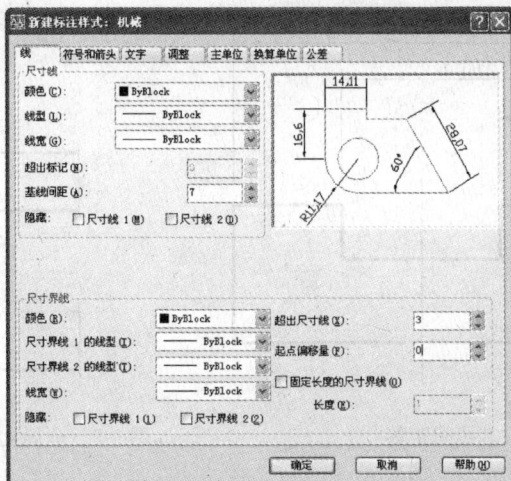

图9-7 【新建标注样式：机械】对话框

【新建标注样式】对话框常用选项功能如下。

【基线间距】：此选项决定了平行尺寸线间的距离。当创建基线型尺寸标注时，相邻尺寸线间的距离由该选项控制，如图9-8所示。

【超出尺寸线】：控制尺寸界线超出尺寸线的距离，一般超出2～3mm，如图9-8所示。

【起点偏移量】：控制尺寸界线起点与标注对象端点间的距离。

【文字样式】：在这个下拉列表中选择文字样式或单击其右边的 □ 按钮，打开【文字样式】对话框，创建新的文字样式。

【从尺寸线偏移】：该选项设定标注文字与尺寸线间的距离，如图9-8所示。

【与尺寸线对齐】：使标注文本与尺寸线对齐。根据国标标注要求，应该选择此选项。

【使用全局比例】：该比例值将影响尺寸标注所有组成元素的大小。当用户用1：2的比例将图样打印在标准幅面的图纸上时，为保证尺寸外观合适，应设定标注的全局比例为打印比例的倒数，即2，如图9-9所示。

（3）创建直线型尺寸。创建一个名为"细实线"的图层，作为尺寸标注及文字书写图层并使该层成为当前层。打开自动捕捉，设定捕捉类型为"端点"、"圆心"和"交点"。创建直线型尺寸，如图9-10所示。

单击【标注】工具栏中的 ┡┥ 按钮，启动【线性】尺寸标注命令，系统指示：

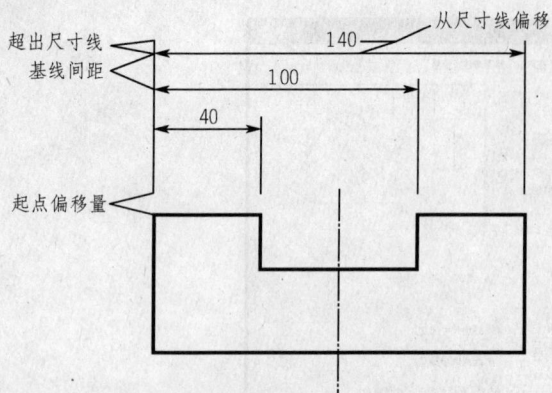

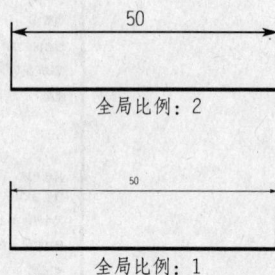

图 9-8　基线间距等　　　　　　　　图 9-9　全局比例因子对尺寸标注的影响

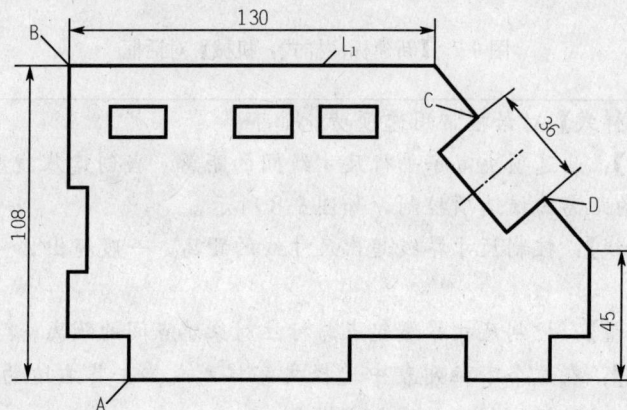

图 9-10　创建线型尺寸

命令：_ dimlinear
指定第一条尺寸界线原点或＜选择对象＞：　　　　　　　//单击 A 点
指定第二条尺寸界线原点：　　　　　　　　　　　　　　//单击 B 点
指定尺寸线位置或
[多行文字(M)/文字(T)/角度(A)/水平(H)/垂直(V)/旋转(R)]：
　　　　　　　　　　　　//向左拖动鼠标,在合适的尺寸线位置单击左键
标注文字 = 108

命令：_ dimlinear
指定第一条尺寸界线原点或＜选择对象＞：　　　　　　　//单击右键
选择标注对象：　　　　　　　　　　　　　　　　　　　//单击直线 L₁
指定尺寸线位置或
[多行文字(M)/文字(T)/角度(A)/水平(H)/垂直(V)/旋转(R)]：
　　　　　　　　　　　　//向上拖动鼠标,在合适的尺寸线位置单击左键
标注文字 = 130

命令：_dimlinear

指定第一条尺寸界线原点或<选择对象>：   //单击 C 点

指定第二条尺寸界线原点：   //单击 D 点

指定尺寸线位置或

[多行文字(M)/文字(T)/角度(A)/水平(H)/垂直(V)/旋转(R)]:R //选择"旋转"选项

指定尺寸线的角度<0>： 指定第二点：   //单击 C 点,单击 D 点

指定尺寸线位置或

[多行文字(M)/文字(T)/角度(A)/水平(H)/垂直(V)/旋转(R)]:

         //向右拖动鼠标,在合适的尺寸线位置单击左键

标注文字 = 36

同样，继续标注尺寸"45"。

【线性】命令选项说明：

多行文字（M）： 选择该选项则打开【文字编辑器】，用户可以输入新的标注文字。

文字（T）： 选择该选项，用户可以在命令行上输入新的尺寸文字。

角度（A）： 选择该选项，可以设置文字的放置角度。

水平（H）/垂直（V）： 创建水平或垂直型尺寸。用户也可通过移动光标指定创建所属类型尺寸。左右移动光标，生成垂直尺寸；上下移动，生成水平尺寸。

旋转（R）： 选择该选项，可使尺寸线倾斜一个角度，标注倾斜的对象。

（4）创建对齐型尺寸，如图 9-11（a）所示。

1）单击【标注】工具栏中的 ↘ 按钮，启动【对齐尺寸】标注命令，系统提示：

命令：_dimaligned

指定第一条尺寸界线原点或<选择对象>://单击 E 点

指定第二条尺寸界线原点：_per 到   //单击 L_2 的垂足 F 点

指定尺寸线位置或

[多行文字(M)/文字(T)/角度(A)]：   //向右拖动鼠标,在合适的尺寸线位置单击左键

标注文字 = 42

2）同样，继续标注尺寸"18"。

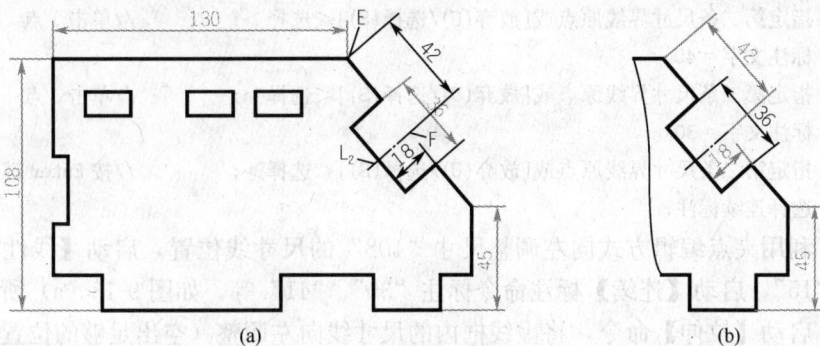

图 9-11　创建对齐型尺寸

3）单击尺寸"36"，再选中文字处的夹点，移动光标调整文字位置。或者单击 ![按钮图标]
按钮，启动编辑标注文字命令，调整尺寸"36"的位置，如图 9-11（b）所示。

（5）创建连续型尺寸，完成一系列首尾相连的标注形式，如图 9-12 所示。创建这
种形式的尺寸时，应首先建立一个尺寸标注，然后发出【连续】标注命令。

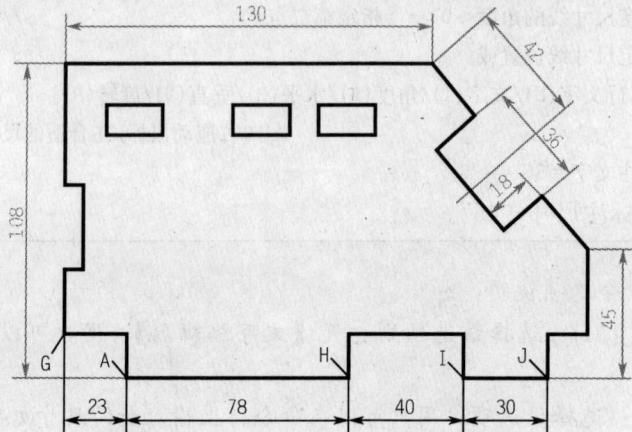

图 9-12　创建连续型尺寸

单击【标注】工具栏中的 ![按钮图标] 按钮，启动【线性】标注命令。

```
命令：_dimlinear
指定第一条尺寸界线原点或<选择对象>：              //单击 G 点
指定第二条尺寸界线原点：                          //单击 A 点
指定尺寸线位置或
[多行文字(M)/文字(T)/角度(A)/水平(H)/垂直(V)/旋转(R)]：
                                   //向下拖动鼠标,在合适的尺寸线位置单击左键
标注文字 = 23
```

单击【标注】工具栏中的 ![按钮图标] 按钮，启动创建连续型标注命令。

```
命令：_dimcontinue
指定第二条尺寸界线原点或[放弃(U)/选择(S)]<选择>：     //单击 H 点
标注文字 = 78
指定第二条尺寸界线原点或[放弃(U)/选择(S)]<选择>：     //单击 I 点
标注文字 = 40
指定第二条尺寸界线原点或[放弃(U)/选择(S)]<选择>：     //单击 J 点
标注文字 = 30
指定第二条尺寸界线原点或[放弃(U)/选择(S)]<选择>：     //按 Enter 键结束
选择连续标注：
```

（6）利用夹点编辑方式向左调整尺寸"108"的尺寸线位置，启动【线性】命令标
注尺寸"15"，启动【连续】标注命令标注"30"、"41"等，如图 9-13（a）所示。

（7）启动【拉伸】命令，将虚线框内的尺寸线向左调整（空出足够的位置供下一步
标注），如图 9-13（b）所示。

（8）启动【线性】命令标注尺寸"14"，如图9-13（c）所示。

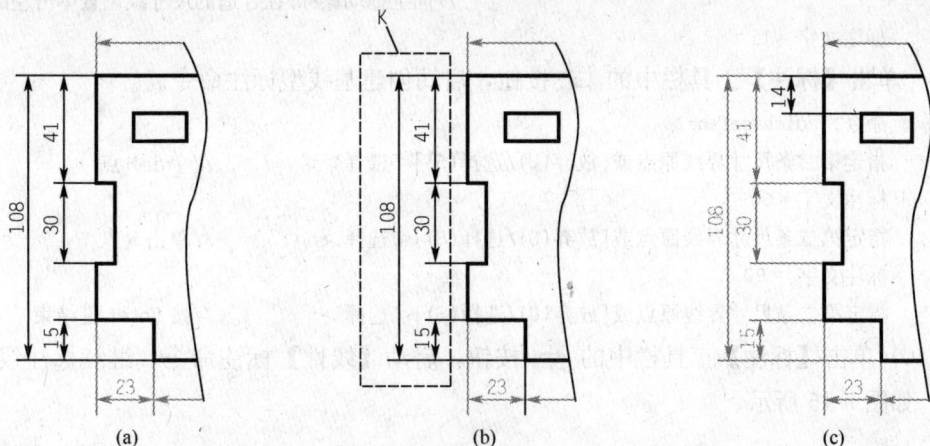

图9-13 编辑及标注尺寸

（9）创建基线型标注，如图9-14所示。

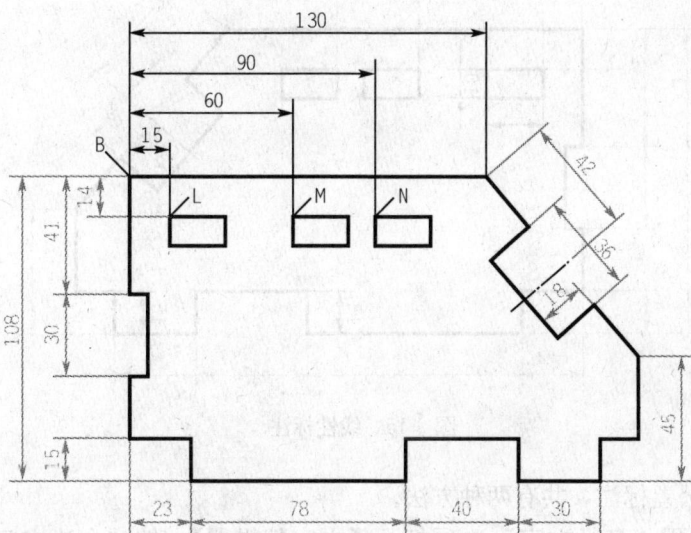

图9-14 创建基线型标注

创建基线型尺寸标注时，和创建连续型标注命令的标注一样，应首先建立一个尺寸标注，然后发出标注命令。

1）利用夹点编辑方式向上调整尺寸"130"的尺寸线位置。

2）单击【标注】工具栏中的 [图] 按钮，启动【线性】标注命令。

```
命令: _dimlinear
指定第一条尺寸界线原点或<选择对象>://单击B点
指定第二条尺寸界线原点:              //单击L点
指定尺寸线位置或
```

[多行文字(M)/文字(T)/角度(A)/水平(H)/垂直(V)/旋转(R)]:

//向上拖动鼠标,在合适的尺寸线位置单击左键

标注文字 = 15

3) 单击【标注】工具栏中的 按钮,启动创建基线型标注命令。

命令:_ dimbaseline

指定第二条尺寸界线原点或[放弃(U)/选择(S)]<选择>:　　　　//单击 M 点

标注文字 = 60

指定第二条尺寸界线原点或[放弃(U)/选择(S)]<选择>:　　　　//单击 N 点

标注文字 = 90

指定第二条尺寸界线原点或[放弃(U)/选择(S)]<选择>:　　　　//按 Enter 键结束

（10）单击【标注】工具栏中的 按钮,启动【线性】标注命令,继续标注线性直线,如图 9-15 所示。

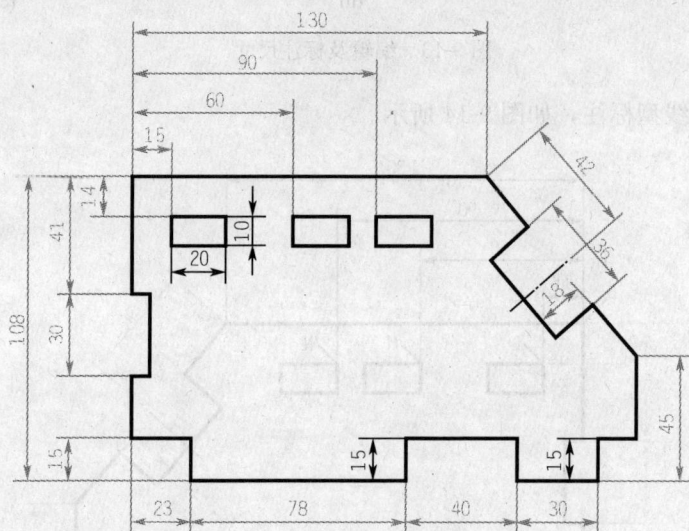

图 9-15　线性标注

（11）尺寸公差标注,共有两种方法。

方法一：利用“多行文字”选项打开【文字编辑器】,按“左边文字＋特殊字符(^)＋右边文字”的堆叠方式,完成尺寸公差标注。

单击【标注】工具栏中的 按钮,系统提示：

命令:_ dimlinear

指定第一条尺寸界线原点或<选择对象>:　　　　　　//单击 G 点,如图9-17所示

指定第二条尺寸界线原点:指定尺寸线位置或　　　　//单击 P 点

[多行文字(M)/文字(T)/角度(A)/水平(H)/垂直(V)/旋转(R)]:M //选择“多行文字”选项

弹出【文字格式】对话框和【文字输入】窗口。

1）在【文字输入】窗口中输入尺寸、上偏差、堆叠号及下偏差,并选中上偏差、堆叠号及下偏差,如图 9-16（a）所示。

2）单击【文字格式】对话框中的堆叠号按钮 ，结果如图 9-16（b）所示。

3）单击【文字格式】对话框中的 确定 按钮，系统提示：

指定尺寸线位置或　　　　　　　　　　//向下拖动鼠标,在合适的尺寸线位置单击左键

[多行文字(M)/文字(T)/角度(A)/水平(H)/垂直(V)/旋转(R)]:

标注文字 ＝185

标注结果如图 9-17 所示。

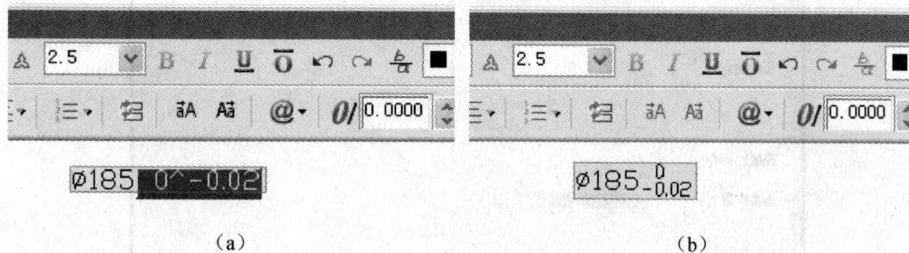

（a）　　　　　　　　　　　　　　　（b）

图 9-16　堆叠尺寸公差

注意：上、下偏差中若有一个没有正负的符号，则在输入没符号的偏差数值前需打个空格符，否则上、下偏差堆叠后，会出现不对齐的现象

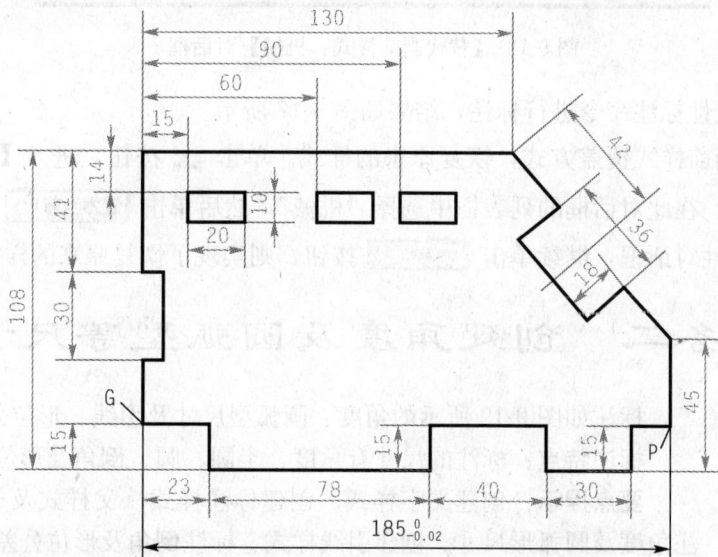

图 9-17　尺寸公差标注

方法二：利用尺寸样式的覆盖方式标注尺寸公差。

1）单击【样式】工具栏中的 按钮，弹出【标注样式管理器】对话框，单击 替代(O)… 按钮，弹出【替代当前样式：机械】对话框，如图 9-18 所示。选择【公差】选项卡，在【方式】下拉列表中选择"极限偏差"，在【精度】下拉列表中选择

"0.00"，在【上偏差】文本框中输入"0"，在【下偏差】文本框中输入"0.02"，在【高度比例】文本框里输入"1"，在【垂直位置】下拉列表中选择"中"，单击 确定 按钮，返回尺寸标注绘图窗口。

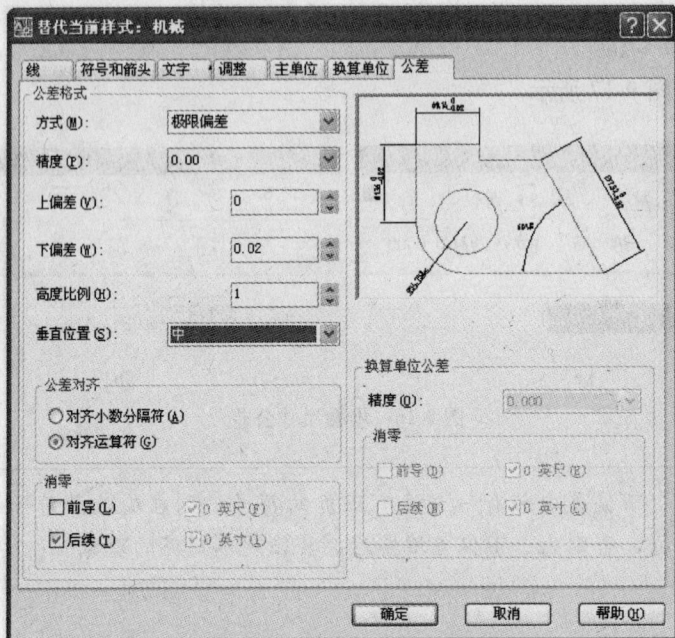

图 9-18 【替代当前样式：机械】对话框

2）启动线性标注命令进行标注，结果如图 9-17 所示。

3）取消当前样式覆盖方式，恢复原来的样式。单击 按钮，进入【标注样式管理器】对话框，在此对话框的列表框中选择"机械"，然后单击 置为当前(U) 按钮，结果打开一个提示性对话框，继续单击 确定 按钮，则实现了恢复原来的样式。

任务二　创建角度及圆弧型等尺寸

任务分析

标注如图 9-19 所示的角度、圆弧型尺寸及引线、形位公差等。
标注特点：标注的尺寸有角度、半圆、圆、倒角及形位公差等。
要点提示：创建文字样式、创建标注样式（父样式及子样式）、标注角度及圆弧形尺寸、创建引线样式、标注倒角及形位公差。
使用命令：角度、半径、直径、多重引线、引线、公差等。

任务目标

（1）掌握创建标注子样式的方法。
（2）掌握设置多重引线样式的方法。
（3）掌握引线设置的方法。
（4）掌握角度、半径、直径、倒角及形位公差的标注方法。

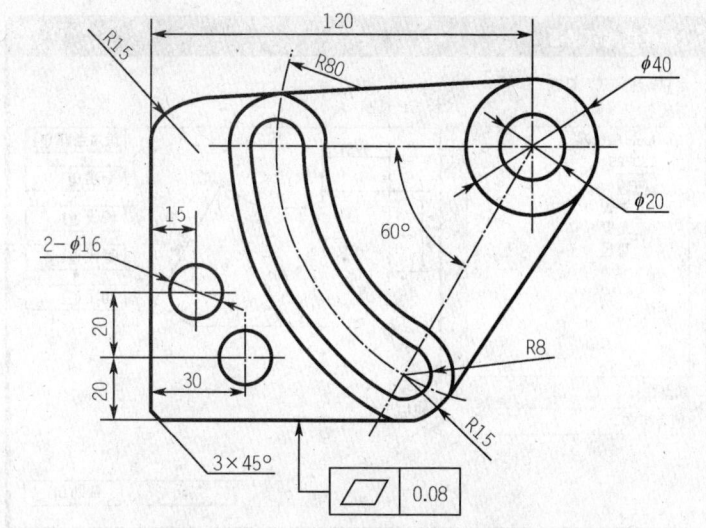

图 9-19 标注角度及圆弧型等尺寸

一、操作流程图

任务实施

操作流程如图 9-20 所示。

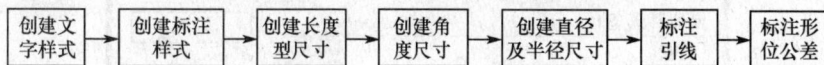

创建文字样式 → 创建标注样式 → 创建长度型尺寸 → 创建角度尺寸 → 创建直径及半径尺寸 → 标注引线 → 标注形位公差

图 9-20 流程图

二、操作步骤

（1）创建文字样式。

建立新的文字样式，样式名为"机械"。与该样式相连的字体文件是"ghenor. shx"（或"gbeitc. shx"）和"gbcbig. shx"。

（2）创建"机械"父样式，创建角度、半径和直径 3 种尺寸的标注子样式（样式簇），如图 9-21 所示。

子样式是已有尺寸样式（父样式）的样式簇，用于控制某种特定类型尺寸的外观。

1）创建机械标注父样式。

单击【样式】工具栏中的 按钮，弹出【标注样式管理器】对框话，单击 新建(N)... 按钮，弹出【创建新标注样式】对话框，按照本项目任务一的方法创建父样式【机械】标注样式。

2）创建角度标注子样式。

① 单击 新建(N)... 按钮，弹出【创建新标注样式】对话框，在【用于】下拉列表中选择"角度标注"，如图 9-22 所示。

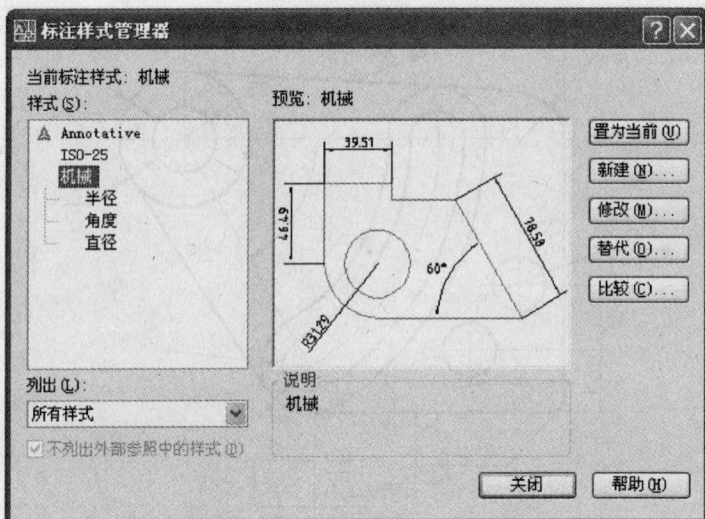

图 9-21 【标注样式管理器】对框话

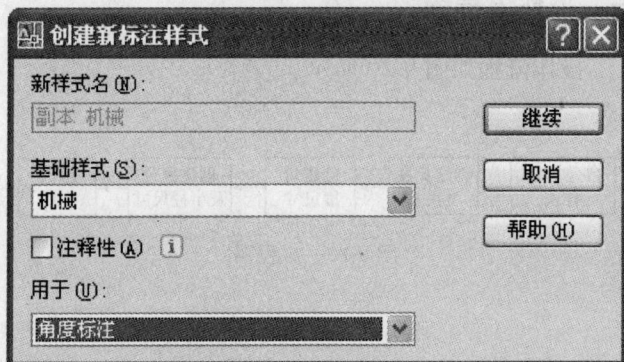

图 9-22 【创建新标注样式】对话框

② 单击 【继续】 按钮，弹出【新建标注样式】对话框，选择【文字】选项卡；在【文字对齐】选项区域中选中【水平】单选项，在【文字位置】选项区域中的【垂直】下拉列表中选择"外部"。

3）创建半径标注子样式。

① 在【样式（s）】文本框内单击父样式"机械"，再单击 【新建(N)...】 按钮，弹出【创建新标注样式】对话框，在【用于】下拉列表中选择"半径标注"。

② 单击 【继续】 按钮，弹出【新建标注样式】对话框，选择【调整】选项卡，在【调整选项】选项区域中选中【文字和箭头】单选项，在【文字位置】选项区域中选中【尺寸线上方，带引线】单选项，在【优化】选项区域中选择"手动放置文字"。

4）创建直径标注子样式。

① 在【样式（s）】文本框内单击父样式"机械"，再单击 【新建(N)...】 按钮，弹出

【创建新标注样式】对话框，在【用于】下拉列表中选择"直径标注"。

② 单击 [继续] 按钮，弹出【新建标注样式】对话框，选择【符号和箭头】选项卡，在【圆心标记】选项区域中选中【无】单选项；选择【文字】选项卡，在【文字对齐】选项区域中选中【水平】单选项；选择【调整】选项卡，在【调整选项】选项区域中选中【文字和箭头】单选项；在【文字位置】选项区域中选中【尺寸线上方，带引线】单选项，在【优化】选项区域中选择"手动放置文字"。

（3）创建直线尺寸，如图 9-23 所示。

启动【线性】标注命令，标注线性尺寸。

（4）创建角度尺寸，如图 9-23 所示。

单击【标注】工具栏中的 按钮，启动【角度】标注命令，系统提示：

命令：_ dimangular
选择圆弧、圆、直线或<指定顶点>：   //单击中心线 L_1
选择第二条直线：   //单击中心线 L_2
指定标注弧线位置或[多行文字(M)/文字(T)/角度(A)/象限点(Q)]：
                          //向左拖动鼠标,在合适的尺寸线位置单击左键

标注文字 = 60

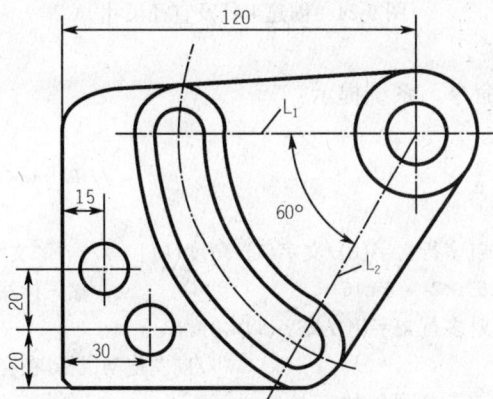

图 9-23 创建线性及角度尺寸

（5）创建半径及直径尺寸，如图 9-24 所示。

1）单击【标注】工具栏中的 按钮，启动【半径】标注命令，系统提示：

命令：_ dimradius
选择圆弧或圆：   //单击弧线 C_1
标注文字 = 15
指定尺寸线位置或[多行文字(M)/文字(T)/角度(A)]
                          //向右拖动鼠标,在合适的尺寸线位置单击左键

同样，完成 C_2、C_3 及 C_4 的半径标注。

2）单击【标注】工具栏中的 按钮，启动【直径】标注命令，系统提示：

```
选择圆弧或圆：                                    //单击弧线 C₅
标注文字 = 20
指定尺寸线位置或[多行文字(M)/文字(T)/角度(A)]：
                                    //向右拖动鼠标,在合适的尺寸线位置单击左键
```

同样，标注 C₆ 的直径尺寸。

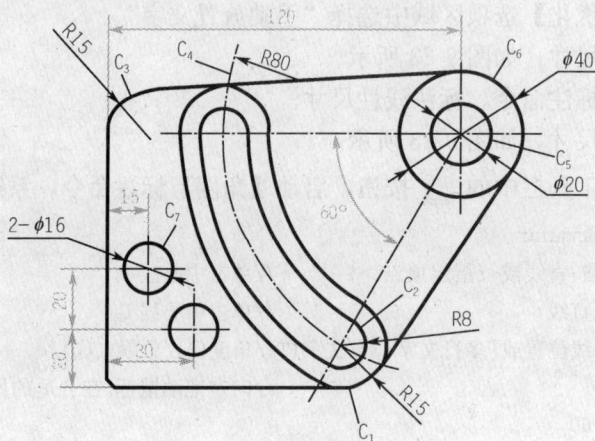

图 9-24   创建半径及直径尺寸

3）标注直径尺寸 C₇。

启动【直径】标注命令，系统提示：

```
命令：_ dimradius
选择圆弧或圆：                                    //单击圆 C₇
标注文字 = 15
指定尺寸线位置或[多行文字(M)/文字(T)/角度(A)]    //选择"文字"选项
输入标注文字<16>:2-％％c16                        //输入标注文字,单击鼠标右键
指定尺寸线位置或[多行文字(M)/文字(T)/角度(A)]
                                    //向左拖动鼠标,在合适的尺寸线位置单击左键
```

（6）多重引线标注，完成倒角的标注。

1）单击【样式】工具栏中的 [🖉] 按钮，弹出【多重引线样式管理器】对话框，如图 9-25 所示，利用该对话框可新建、修改、重命名或删除引线样式。

2）单击 [修改(M)...] 按钮，弹出【修改多重引线样式】对话框，如图 9-26 所示。在该对话框中完成以下设置。

① 单击【引线格式】选项卡，在【箭头】的【符号】下拉列表中选择■无选项，如图 9-27 所示。

② 单击【引线结构】选项卡，在【基线设置】下方的文本框中输入"1"（文本框中默认为"8"），这个数值表示下划线的长度，如图 9-28 所示。

③ 单击【内容】选项卡，在【文字选项】的【文字高度】文本框中输入"3.5"，在【引线连接】的【连线位置-左】下拉列表中选择"最后一行加下划线"，在【连线位置-右】下拉列表中选择"最后一行加下划线"，如图 9-29 所示。

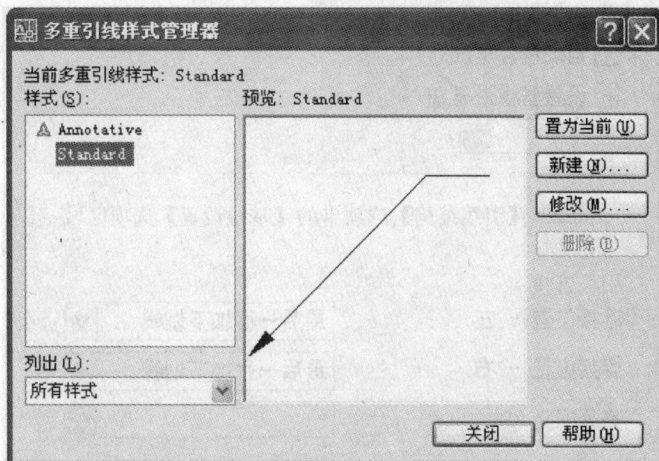

图 9-25 【多重引线样式管理器】对话框

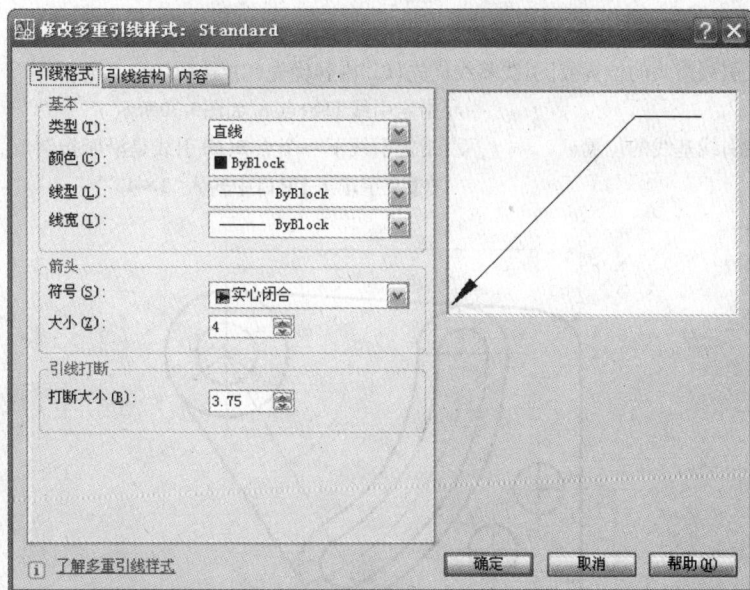

图 9-26 【修改多重引线样式】对话框

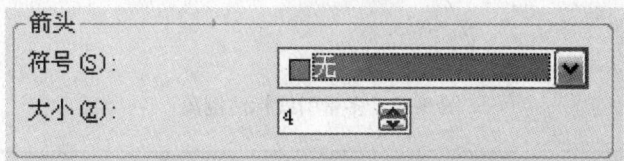

图 9-27 【引线格式】选项卡中【箭头】选项区域

基线设置

☑ 自动包含基线(A)

☑ 设置基线距离(D)

　　　1

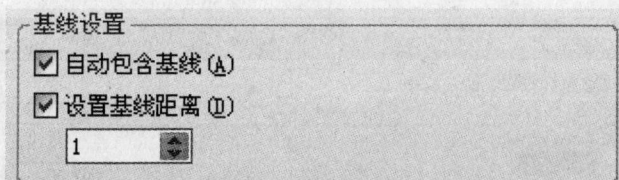

图 9-28　【引线结构】选项卡的【基线设置】选项区域

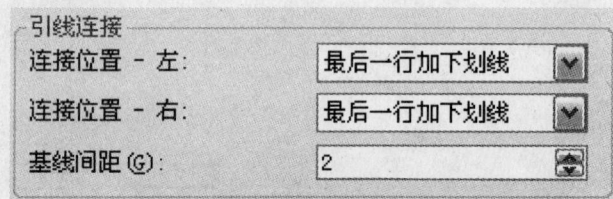

引线连接

连接位置 - 左:　　　最后一行加下划线 ▼

连接位置 - 右:　　　最后一行加下划线 ▼

基线间距(G):　　　2

图 9-29　【引线结构】选项卡的【比例】选项区域

3) 单击【多重引线】工具栏中的 🅿 按钮，启动创建引线标注命令。

命令:_mleader

指定引线箭头的位置或[引线基线优先(L)/内容优先(C)/选项(O)]<选项>:

//指定引线起始点 A, 如图9-30所示

指定引线基线的位置:　　　//指定引线下一个点 B(AB引线是沿所指倒角的方向引出)，

在【文字输入】窗口中输入"3×45°"

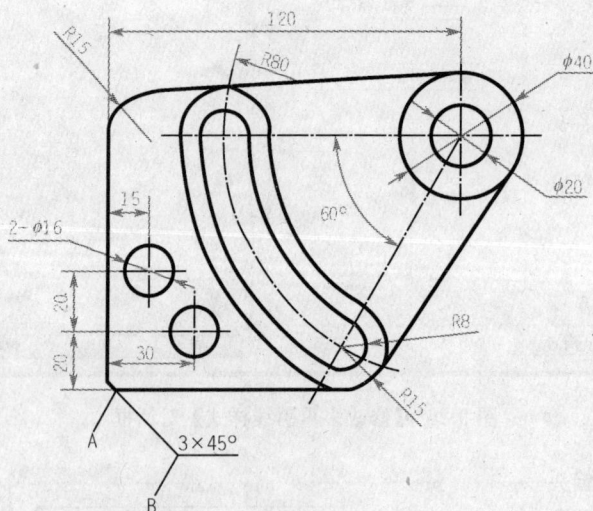

图 9-30　多重引线标注倒角

　　创建引线标注时，若文本或指引线的位置不合适，可利用夹点编辑方式进行调整。选中引线标注对象，利用夹点移动基线，则引线、文字或图块将跟随移动；若选用夹点移动箭头，则只有引线跟随移动，基线、文字或图块不动。

（7）标注形位公差。

输入 QLEADER 命令，AutoCAD 命令行提示"指定第一个引线点或［设置（S）］<设置>:"，直接按 Enter 键，弹出【引线设置】对话框，在【注释】选项卡中选中【公差】单选项，如图 9-31 所示。单击 确定 按钮，系统提示：

```
指定第一个引线点或[设置(S)]<设置>:          //捕捉点 C
指定下一点:                                //捕捉点 D
指定下一点:                                //捕捉点 E
```

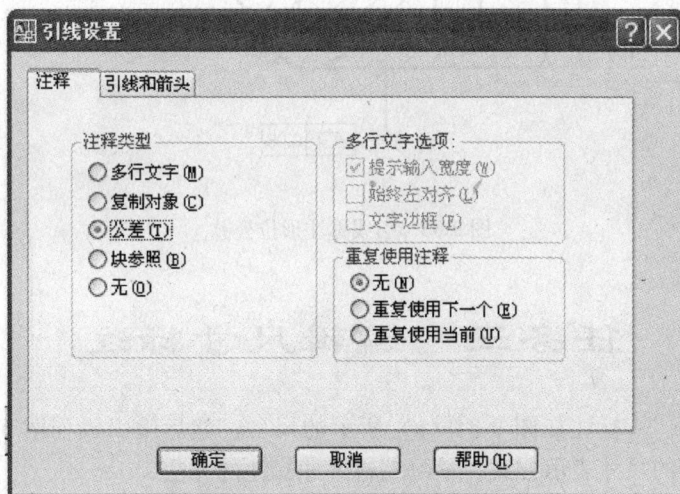

图 9-31 【引线设置】对话框

AutoCAD 打开【形位公差】对话框，如图 9-32（a）所示，在此对话框中单击【符号】下的"■"，弹出【特征符号】对话框，如图 9-32（b）所示，单击所需的公差符号"▱"在【形位公差】对话框的"公差 1"下方文本框内输入"0.08"单击 确定 按钮，结果如图 9-33 所示

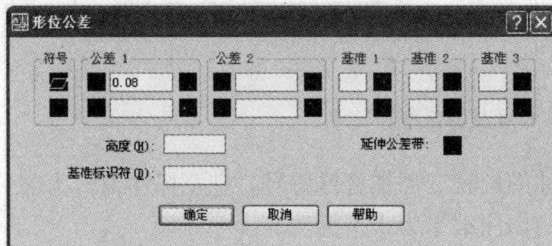

图 9-32（a）【形位公差】对话框　　　图 9-32（b）【特征符号】对话框

单击 确定 按钮，结果如图 9-33 所示。

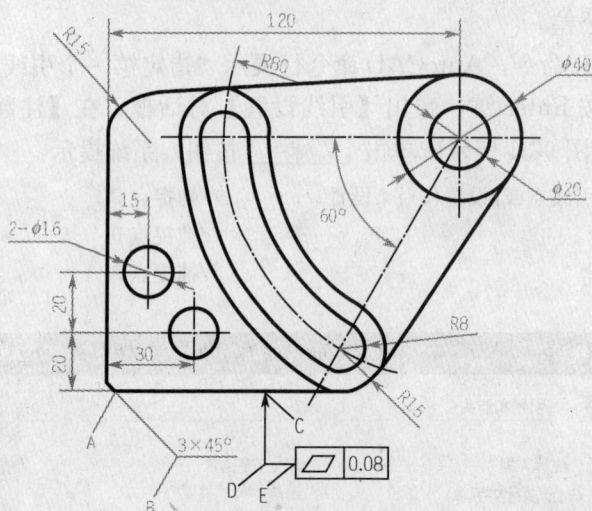

图 9-33　引线标注形位公差

任务三　编辑尺寸标注

标注如图 9-34（a）所示的尺寸，然后编辑成如图 9-34（b）所示的尺寸表示方式，学习编辑尺寸标注的方法。

任务分析

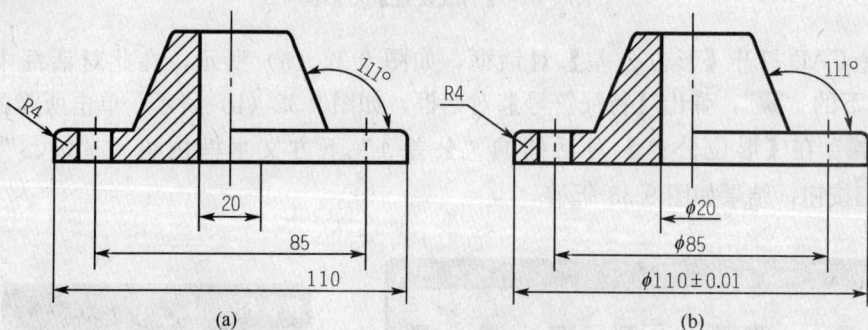

(a)　　　　　　　　　　　　　　　(b)

图 9-34　标注角度及圆弧型等尺寸

编辑特点：调整尺寸的位置，添加特殊符号，把全标注编辑为部分标注，把与尺寸线对齐的标注编辑为水平标注。

要点提示：使用夹点方式或使用编辑标注文字命令来调整尺寸的位置，使用文字编辑命令来添加特殊符号，使用分解命令或尺寸覆盖方式把全标注编辑为部分标注，使用尺寸样式覆盖方式与更新命令把与尺寸线对齐的标注编辑为水平标注。

使用命令：编辑标注文字、文字编辑、分解、更新标注等。

任务目标

（1）掌握用夹点方式编辑尺寸位置的方法。

（2）掌握使用编辑标注文字命令编辑尺寸位置的方法。

（3）掌握使用文字编辑命令添加特殊符号的方法。

（4）掌握使用分解命令编辑尺寸标注的方法。

（5）掌握使用更新命令编辑尺寸标注的方法。

（6）能熟练编辑尺寸标注。

一、操作流程图

任务实施

操作流程如图 9-35 所示。

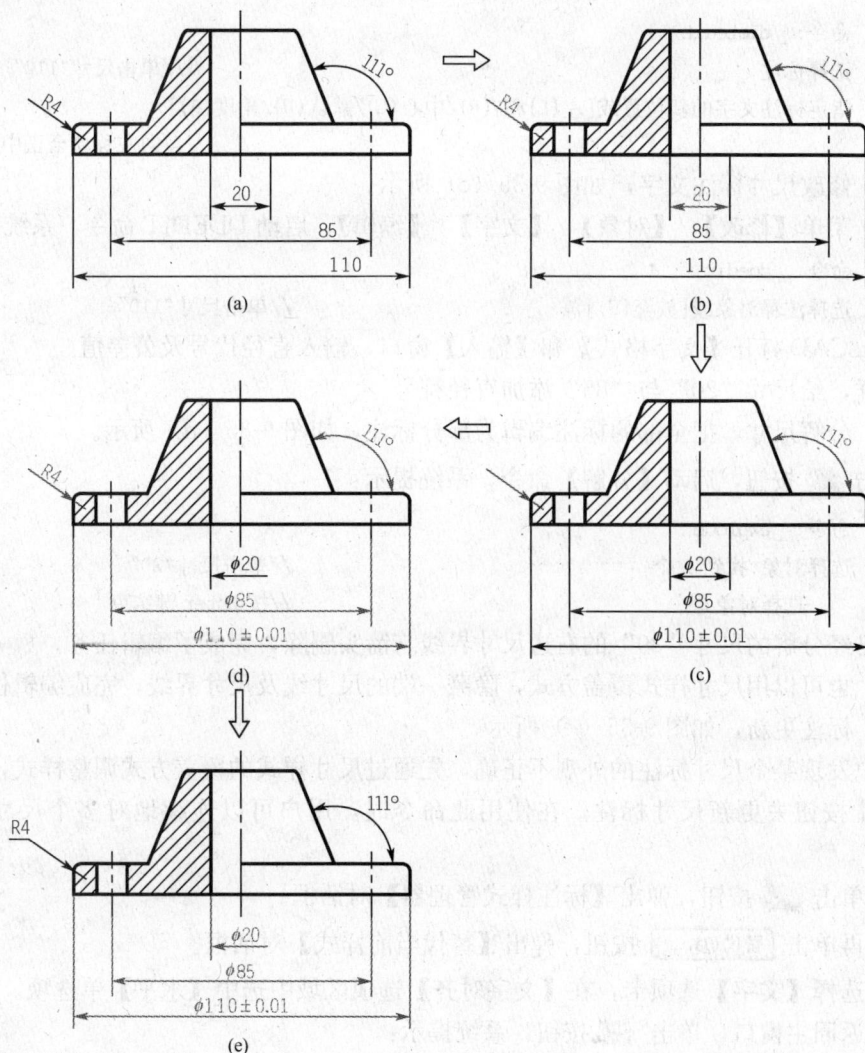

图 9-35　流程图

二、操作步骤

（1）调整尺寸标注位置，放置尺寸文字居中，如图 9-35（b）所示，有两种编辑方法。

1）用夹点方式调整尺寸位置。

夹点编辑方式非常适合移动尺寸线和标注文字，进入这种模式后，一般利用尺寸线两端或标注文字所在的夹点来调整标注位置。

① 选择尺寸"85"并激活文本所在的夹点，AutoCAD 自动进入拉伸编辑模式。

② 向左移动尺寸文本至正中位置。

2）用编辑标注文字命令调整尺寸文本位置。

单击【标注】工具栏中的 ![icon] 按钮，启动编辑标注文字命令，系统提示：

```
命令：_ dimtedit
选择标注：                                      //单击尺寸"110"
指定标注文字的新位置或[左(L)/右(R)/中心(C)/默认(H)/角度(A)]：
                                              //向左移动至正中的位置
```

（2）修改尺寸标注文字，如图 9-35（c）所示。

单击菜单【修改】/【对象】/【文字】/【编辑】，启动 DDEDIT 命令，系统提示：

```
命令：_ ddedit
选择注释对象或[放弃(U)]：                        //单击尺寸"110"
```

AutoCAD 打开【文字格式】和【输入】窗口，输入直径代号及公差值。

同样，给尺寸"20"与"85"添加直径符号。

（3）分解尺寸，把全部的标注编辑为部分标注，如图 9-35（d）所示。

单击 ![icon] 按钮，启动【分解】命令，系统提示：

```
命令：_ explode
选择对象:找到 1 个                              //单击尺寸"20"
    选择对象：                                  //按 Enter 键结束
```

把已经分解的尺寸"20"的右边尺寸界线与箭头删除，完成了编辑任务。

注：也可以用尺寸样式覆盖方式，隐藏一端的尺寸线及尺寸界线，完成编辑任务。

（4）标注更新，如图 9-35（e）所示。

用户发现某个尺寸标注的外观不正确，先通过尺寸样式的覆盖方式调整样式，然后利用 ![icon] 按钮去更新尺寸标注。在使用此命令时，用户可以连续地对多个尺寸进行编辑。

1）单击 ![icon] 按钮，弹出【标注样式管理器】对话框。

2）再单击 替代(0)... 按钮，弹出【替代当前样式】对话框。

3）选择【文字】选项卡，在【文字对齐】选项区域中选中【水平】单选项。

4）返回主窗口，单击 ![icon] 按钮，系统提示：

```
选择对象:找到 1 个                              //选择半径尺寸
选择对象:找到 1 个,总计 2 个                     //选择角度尺寸
```

选择对象： //按 Enter 键结束
完成了编辑尺寸任务。

项 目 小 结

本项目学习了尺寸标注、引线等命令的操作，小结如下。

（1）创建标注样式。标注样式决定了尺寸标注的外观，当尺寸外观看起来不合适时，可通过调整标注样式进行修正。

（2）创建子样式。子样式是已有尺寸样式（父样式）的样式簇，用于控制某种特定类型尺寸的外观。

（3）在 AutoCAD 中可以标注出多种类型的尺寸，如长度型、平行型、直径型、半径型及角度型等，此外，还能方便地标注尺寸公差及形位公差。

（4）用 DDEDIT 命令修改标注文字内容，利用夹点编辑方式调整标注位置。

（5）用分解命令进行尺寸标注的编辑。

动 手 练 习

（1）设置文字样式及标注样式，用线性、连续及基线等尺寸标注命令，标注如图 9-36 所示的直线平面图尺寸。

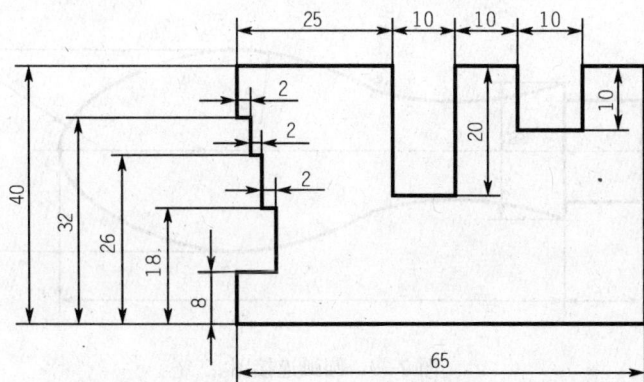

图 9-36 直线平面图

（2）设置文字样式及标注样式，用线性、对齐及角度等尺寸标注命令，标注如图 9-37 所示的直线平面图尺寸。

（3）设置文字样式及标注样式，用线性、半径及直径等尺寸标注命令，标注如图 9-38 和图 9-39 所示的圆弧连接图尺寸。

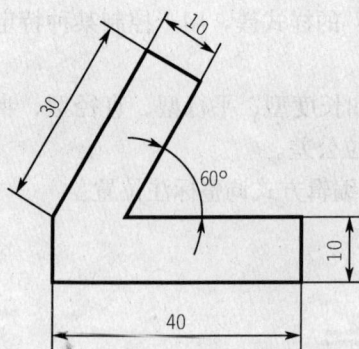

图 9-37　直线平面图

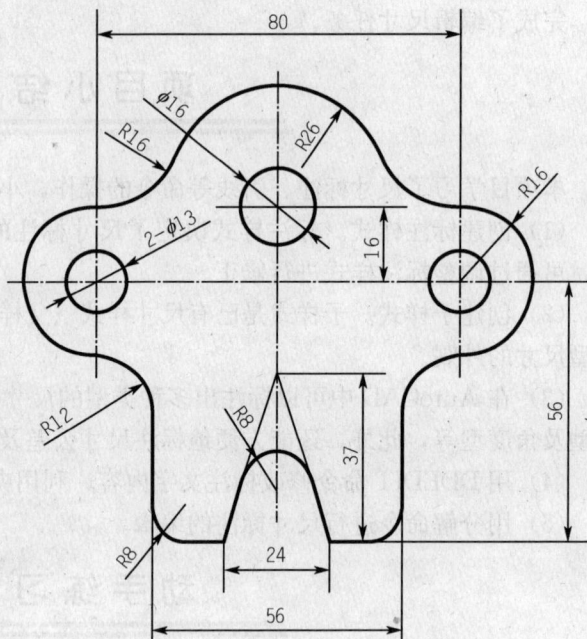

图 9-38　圆弧连接图

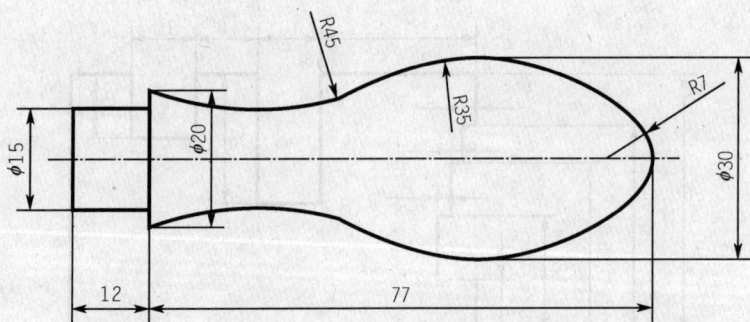

图 9-39　圆弧连接图

（4）设置文字样式及标注样式，标注如图 9-40 所示轴件的尺寸、公差及粗糙度。

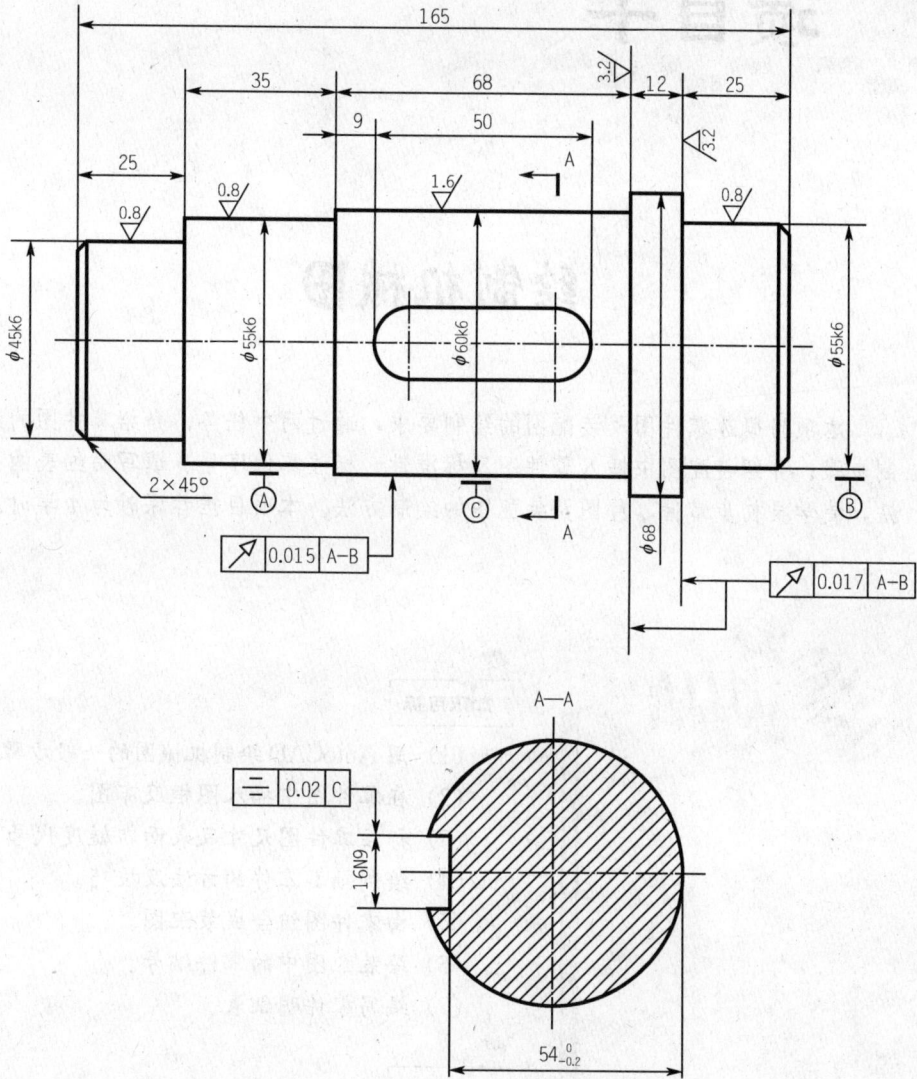

图 9-40 传动轴

项目十

绘制机械图

　　本项目概述零件图及装配图的绘制要求，通过两个任务，介绍零件图的绘制步骤；介绍装配图中插入零件图及标准件、标注零件序号、填写明细表的方法，使学员初步掌握零件图及装配图的绘制方法。本项目推荐课时为 4 学时。

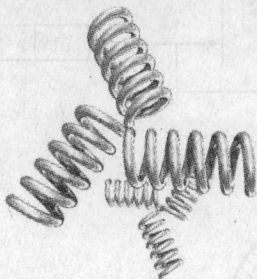

知识目标

(1) 用 AutoCAD 绘制机械图的一般步骤。
(2) 在零件图中插入图框及布图。
(3) 标注零件图尺寸及表面粗糙度代号。
(4) 绘制轴类零件的方法及技巧。
(5) 由零件图组合成装配图。
(6) 给装配图中的零件编号。
(7) 编写零件明细表。

能力目标

(1) 掌握 AutoCAD 绘制零件图的一般步骤。
(2) 掌握在零件图中插入图框及布图的方法。
(3) 熟练标注零件图尺寸及表面粗糙度代号。
(4) 掌握绘制零件图的技巧。
(5) 掌握零件图组合成装配图的方法。
(6) 熟练给装配图中的零件编号。
(7) 熟练编写明细表。

知 识 链 接

一、零件图

任何一台机器或一个部件都是由若干零件按一定的装配关系和设计、使用要求装配而成的。表达单个零件的结构形状、大小和有关技术要求的图样称为零件图，它是指导零件的加工、测量和检测时的技术依据。本项目任务之一是介绍绘制零件图的基本方法，综合运用前面学习过的基本绘图命令、编辑命令、尺寸标注及图块等知识。

1. 零件图的内容

零件图是反映设计者意图及生产部门组织生产的重要技术文件，因此它不仅应将零件的材料、内外结构形状和大小表达清楚，而且还要为零件的加工、检验、测量提供必要的技术要求，一张完整的零件图应包括下列内容。

（1）一组视图。按照零件的结构特征，合理地选用视图、剖视图、断面图、局部放大图等表达方法，完整、清晰地表达出零件的内外形状和结构特征。

（2）齐全的尺寸。零件图中的尺寸除了应保证其所有的定形尺寸和定位尺寸正确、完整及清晰这个基本要求外，还应尽量合理，以满足零件制造和检验的需要。

（3）技术要求。零件图中必须用规定的符号、代号、标记和文字说明等简明地给出零件制造和检验时所应达到的极限偏差、形位公差、表面粗糙度、表面处理和材料处理等方面的技术要求。

（4）标题栏。位于零件图的右下角，用以填写零件的名称、材料、比例、数量、图号以及设计、制图人员签名等。

2. 绘制零件图的一般过程

使用计算机绘图与手工绘图一样，都要遵循机械制图国家标准的规定。但应该注意的是，在 AutoCAD 的模型空间里绘图时，不论图形尺寸有多大或有多小，都按 1∶1 的比例进行绘制，在图形输出时才进行比例的设定，这一点与手工绘图是有区别的。绘制零件图的一般过程及需要注意的一些问题如下。

（1）建立零件图的模板。在绘制零件图之前，应根据图纸幅面的大小和格式，分别建立符合机械制图国家标准的若干机械图样模板。

（2）分析零件图构成特点并绘制。在绘图过程中，应根据零件图结构的对称性、重复性等特点，灵活运用镜像、阵列、多重复制等编辑修改命令，快速生成草图；同时还要利用正交、对象捕捉等辅助绘图命令，保证绘图的精确度。

（3）创建表面粗糙度符号和基准符号的带属性的图块。AutoCAD 中没有提供表面粗糙度符号和基准符号，该符号可以通过绘制等方式来创建。

（4）进行工程标注。要正确地对零件图进行标注，必须熟悉国标对标注的一些具体规定；标注时可以分类标注，先进行一般尺寸的标注，如线性尺寸、角度、直径和半径，其次标注尺寸公差，然后标注形位公差，然后再标注表明粗糙度及基准符号，最后在标题栏上方空白处注写技术要求的文字说明。

（5）填写标题栏，并保存零件图形文件。

3. 零件图的绘制方法

要正确地反映零件的完整形状，必须准确地绘制一组视图，并且视图的布局应匀称、美观且符合投影规律，即"主、俯视图长对正，主、左视图高平齐，俯、左视图宽相等"。

用 AutoCAD 绘制零件图并无定法，零件图的绘制实际上综合了平面图形、标准件和常用件的绘制方法，在零件图的绘制过程中可以灵活、交叉地运用下面 3 种方法。

（1）坐标定位法。即通过给定视图中各点的准确坐标值来绘制零件图的方法。在绘制一些大而复杂的零件图时，为了图面布局及投影关系的需要，经常用这种方法绘制出作图基准线，确定各个视图的位置，然后再综合运用其他方法绘制完成图形。该方法的优点是绘制的图形比较准确，但是该方法需要计算各点的精确坐标，因此相对来说比较费时。

（2）辅助线法。即通过绘制构造命令 XLINE 画出一系列的水平与竖直辅助线，以便保证视图之间的投影关系，并结合图形绘制及编辑命令完成零件图的绘制。

（3）对象捕捉追踪法。即利用 AutoCAD 提供的对象捕捉追踪功能，来保证视图之间的投影关系，并结合图形绘制及编辑命令完成零件图的绘制。

4. 零件图中的技术要求

机械图样中的技术要求主要是指零件几何精度方面的要求，如尺寸公差、形状和位置公差、表面粗糙度等。

二、装配图的绘制

在机械工程中，一台机器或一个部件都是由若干个零件按一定的装配关系和技术要求装配起来的，表示机器或部件的图样就是装配图。本项目任务之二是介绍机械工程中装配图的绘制方法及步骤。

1. 装配图概述

装配图用来表达机器或部件的图样，是安装、调试、操作和检修机器或部件的重要技术文件，主要表示机器或部件的结构形状、装配关系、工作原理和技术要求。

2. 装配图的内容

一组完整的装配图，应包括下列内容。

（1）一组视图。装配图由一组视图组成，用以表达各组成零件的相互位置和装配关系、部件或机器的工作原理和结构特点。

（2）必要的尺寸。必要的尺寸包括部件或机器的规格（性能）尺寸、零件之间的装配尺寸、外形尺寸、部件或机器的安装尺寸和其他重要尺寸。

（3）技术要求。说明部件或机器的装配、安装、检验和运转的技术要求，一般用文字写出。

（4）零部件序号、明细栏和标题栏。在装配图中，应对每个不同的零部件编写序号，并在明细栏中依次填写序号、名称、件数、材料和备注等内容。该标题栏与零件图中的标题栏基本相同。

3. 装配图的画法

零件图中表达零件的各种方法，例如，视图、剖视图以及局部放大图等，均适用于装配图。此外，装配图主要用来表达机器或部件的工作原理和装配、连接关系，以及主要零件的结构形状，因此，装配图还有一些规定画法及特殊表达方法，了解这些规定和内容，是绘制装配图的前提。

（1）规定画法。

1）两相邻零件的接触面和配合面用一条轮廓线表示。如果两相邻零件不接触，即保留有空隙时，则必须画出两条线。

2）两相邻零件的剖面线方向应相反，或者方向一致但间隙不等；而同一零件的剖面线在各视图中应保持间隔一致、方向相同。

3）对于紧固件（螺母、螺栓、垫圈等）和实心零件（如轴、球、键、销等），当剖视图剖切平面通过它们的基本轴线时，这些零件都按不剖绘制，只画出其外形的投影。

（2）特殊表达方法。

1）沿结合面剖切和拆卸画法。在装配图中，为了表达部件或机器的内部结构，可以采用沿结合面剖切的画法，即假想沿某些零件间的结合面进行剖切，零件的结合面上不画剖面线，只有被剖切到的零件才绘制剖面线。在装配图中，为了表达被遮拦部分的装配关系和零件形状，可以采用拆卸画法，即假想拆去一个或几个零件，再画出剩余部分的视图。

2）假想画法。为了表示运动零件的极限位置，或与该部件有装配关系但又不属于该部件的其他相邻零件（或部件），可以用细双点划线画出其轮廓。

3）夸大画法。对于薄片零件、细丝弹簧、微小间距等，若按实际尺寸和比例绘制，则在装配图中很难画出或难以明显表示，此时可不按比例而采用夸大画法绘出。

4）简化画法。在装配图中，零件的工艺结构，例如，圆角、倒角、退刀槽等可不画出。对于若干相同的零件组（如螺栓连接等），可详细地画出一组或几组，其余只需用点划线表示其装配位置即可。

任务一　　绘制零件图——传动轴

绘制如图 10-1 所示的零件图。

任务分析

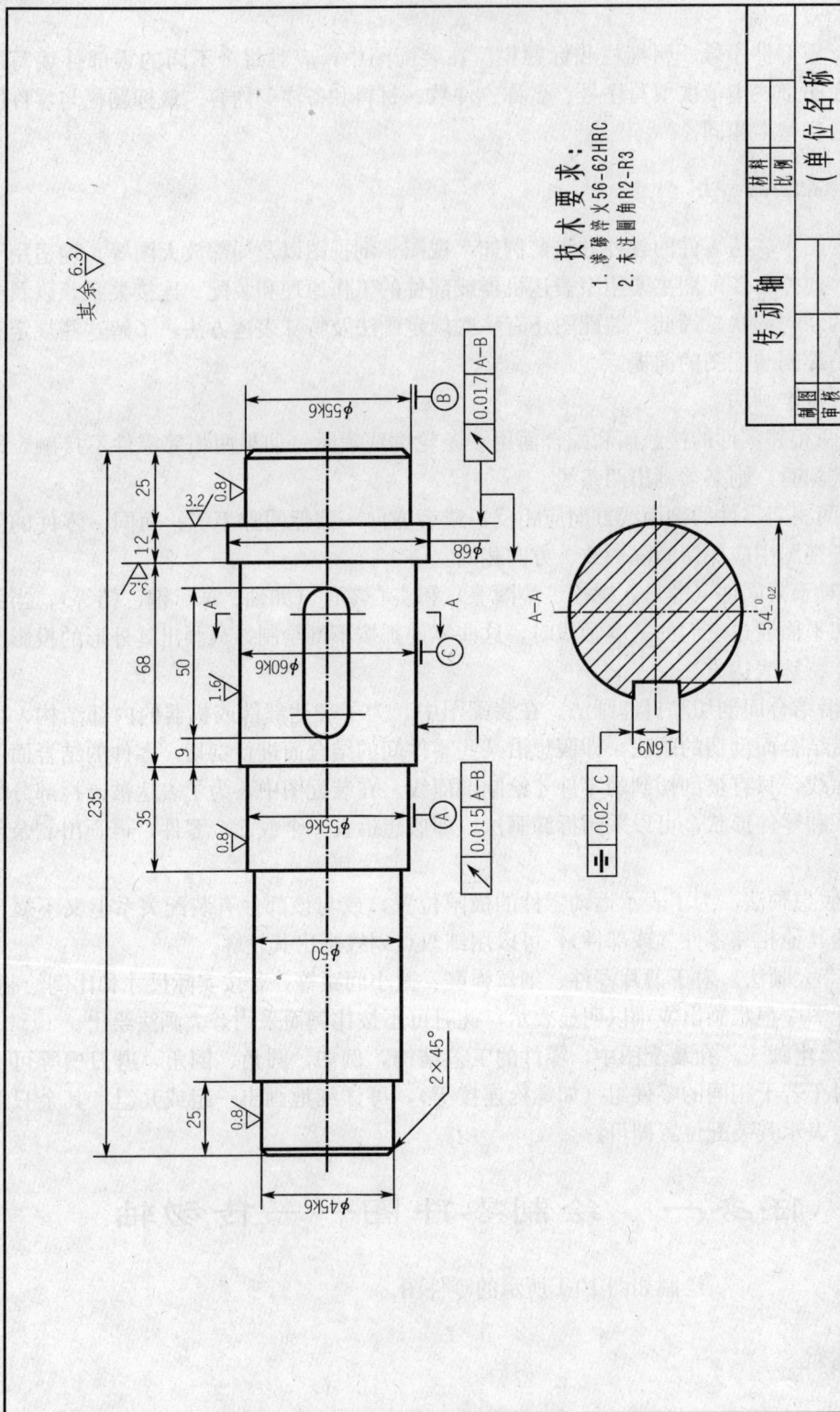

图10-1 传动轴零件图

图形特点：由主视图、断面图、尺寸、公差、粗糙度、图框、文字等构成。

要点提示：设置图层及绘制定位线，按照规定位置绘制主视图及断面图，插入粗糙度符号及图框，标注尺寸、公差及粗糙度，将零件图移进图框，填写标题栏。

使用命令：综合使用绘图及编辑命令。

（1）掌握 AutoCAD 绘制零件图的一般步骤。

（2）掌握在零件图中插入图框及布图的方法。

（3）熟练标注零件图尺寸、尺寸公差及表面粗糙度代号。

（4）掌握绘制零件图的技巧。

一、操作流程图

操作流程如图 10-2 所示。

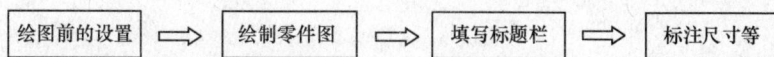

绘图前的设置 ⇒ 绘制零件图 ⇒ 填写标题栏 ⇒ 标注尺寸等

图 10-2　流程图

二、操作步骤

（1）创建以下图层，如表 10-1 所示。

表 10-1　创建图层

名称	颜色	线型	线宽
轮廓线层	绿色	Continuous	0.5
中心线层	红色	Center	默认
剖面线层	白色	Continuous	默认
文字层	白色	Continuous	默认
尺寸标注层	白色	Continuous	默认

（2）设定绘图区域大小为 500×500，单击【标准】工具栏中的 按钮，使绘图区域充满整个图形窗口并显示出来。

（3）单击菜单【插入】/【线型】，弹出【线型管理器】对话框，在此对话框中设定线型的比例因子为 "0.3"。

（4）打开极轴追踪、对象捕捉及对象追踪功能。设置极轴追踪角度增量为 "90°"，设定对象捕捉方式为 "端点"、"交点" 及 "圆心"。

（5）切换到轮廓线层，绘制零件的轴线 A 及左端面线 B，线段 A 的长度约为 250，线段 B 的长度约为 80，如图 10-3 所示。

（6）用偏移命令绘制平行线 C、D 等，如图 10-4 所示。修剪多余线条，结果如图 10-5 所示。

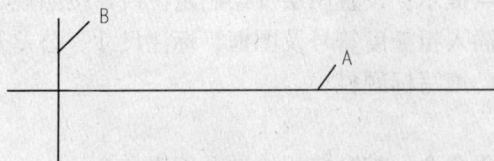

图 10-3　绘制轴线及左端面线

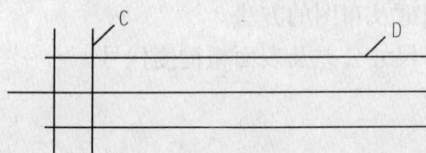

图 10-4　绘制偏移线　　　　　　　　图 10-5　修剪多余线段

（7）继续用偏移及修剪命令绘制图形 E，如图 10-6 所示。

（8）绘制圆的定位线、圆及切线，如图 10-7 所示。修剪多余线条，结果如图 10-8 所示。

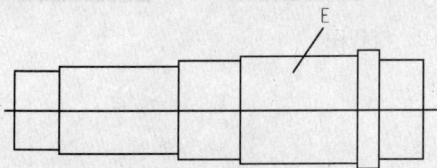

图 10-6　绘制图形 E　　　　　　　　图 10-7　绘制圆及切线

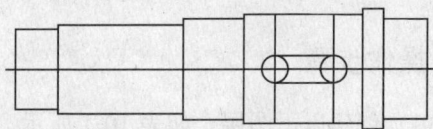

（9）绘制圆的定位线、圆及平行线，如图 10-9 所示。修剪多余线条，结果如图 10-10 所示。

（10）主要完成以下绘图任务。

1）倒圆角及倒角。

2）填充剖面图案。

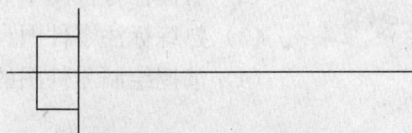

图 10-8　修剪多余线条

3）用拉长命令 LENGTHEN，调整定位线的长度。

4）将轴线、定位线等修改到中心线层上，剖面线修改到剖面线层上。

5）打开线宽，结果如图 10-11 所示。

（11）打开预先完成的文件"A3.dwg"，该文件包含 A3 幅面的图框、表面粗糙度符号及基准代号。利用 Windows 的复制和粘贴功能将图框及标注符号拷贝到零件图中，用缩放命令缩放它们，缩放比例为 1.5，然后把零件图布置在图框中，如图 10-12 所示。

（12）切换到尺寸标注层，标注尺寸公差及表面粗糙度，如图 10-1 所示。本图仅为了示意工程图标注后的真实结果，尺寸文字字高为 3.5，标注总体比例因子为 1.5。

（13）切换到文字层，书写技术要求。技术要求字高为 $5 \times 1.5 = 7.5$，其余文字字

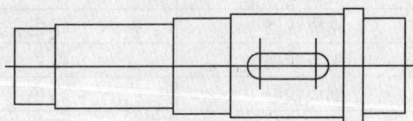

高均为 $3.5×1.5=5.25$，中文字体应采用 "gbcbig.shx"，西文字体采用"gbcbig.shx"。

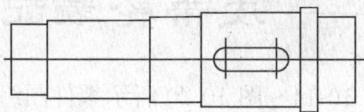

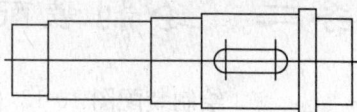

图 10-9　绘制圆及平行线　　　　　　　图 10-10　修剪多余线条

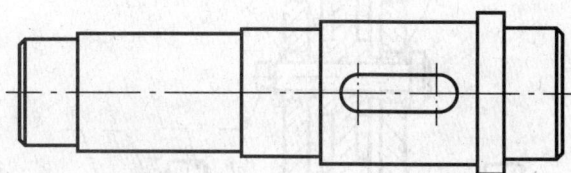

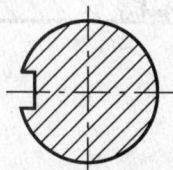

图 10-11　填充剖面图案并修饰图形

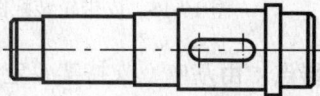

传动轴	材料	
	比例	
制图		（单位名称）
审核		

图 10-12　把零件图布置到图框中

　　此零件图打印时将按 1：1.5 比例值出图。打印的真实效果为图纸幅面 A3，图纸上线条长度与零件长度的比值为 1：1.5，标注文本高度 3.5，技术要求中的文字高分别为 5 和 3.5。

任务二　绘制装配图——皮带轮装配图

任务分析

绘制装配图 10-13（把如图 10-14～图 10-20 所示零件图组装为皮带轮装配图），学习装配图的绘制方法。

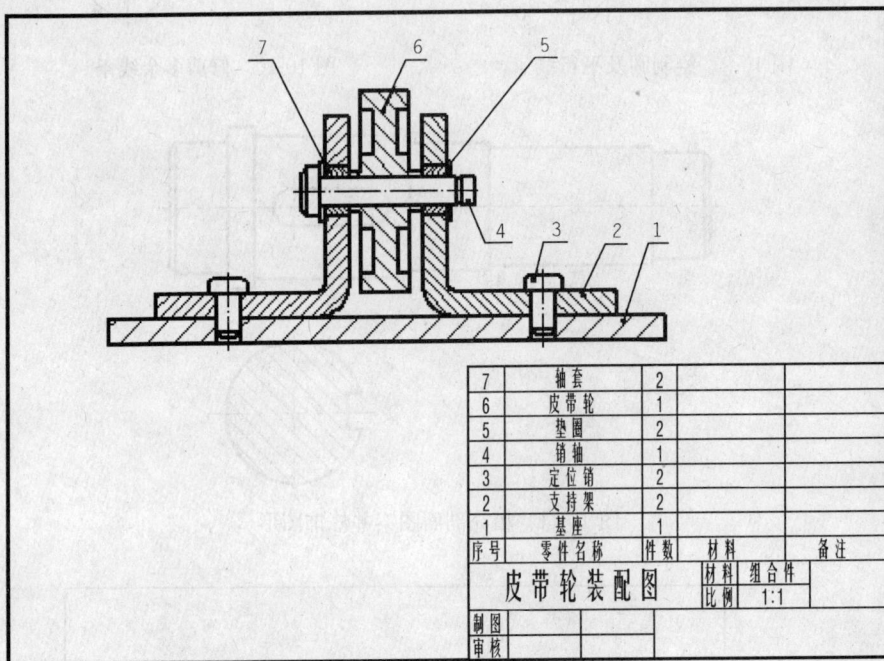

图 10-13　皮带轮装配图

7	轴套	2		
6	皮带轮	1		
5	垫圈	2		
4	销轴	1		
3	定位销	2		
2	支持架	2		
1	基座	1		
序号	零件名称	件数	材料	备注

图形特点： 由基座、支持架、定位销、销轴、垫圈、皮带轮及轴套 7 个零件，按照规定的位置要求组合装配在一起，绘制装配图中的零件编号，编写零件明细表。

要点提示： 创建新图形文件，文件名为"皮带轮装配图.dwg"。然后分别复制 7 张零件图需装配在一起的视图部分，粘贴到"皮带轮装配图.dwg"中，按照规定的位置要求装配在一起，并删除多余的线条。为每个零件编号，编写零件明细表。

使用命令： 复制、带基点复制、粘贴、移动、删除等。

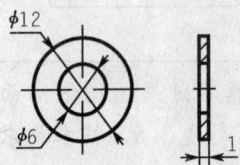

图 10-14　垫圈（零件 5）　　图 10-15　轴套（零件 7）　　图 10-16　销轴（零件 4）

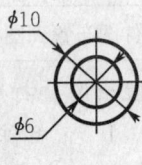

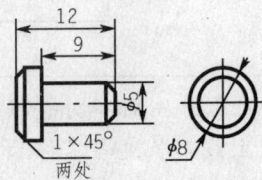

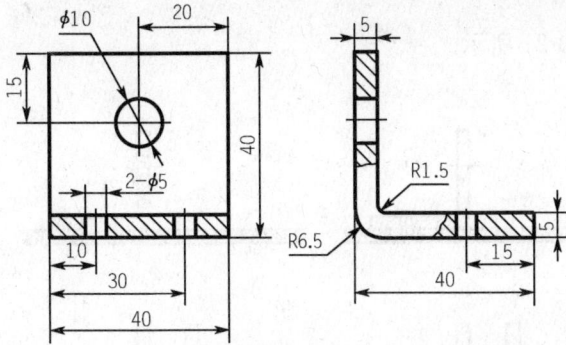

图 10-17　支持架（零件 2）

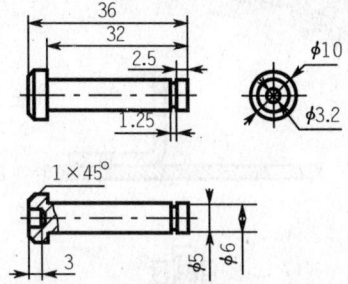

图 10-18　定位销（零件 3）

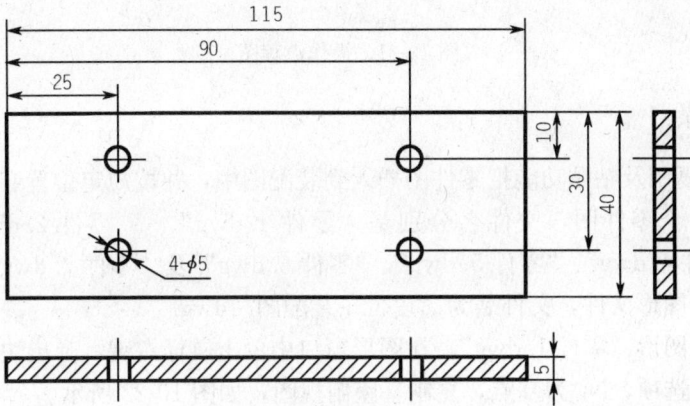

图 10-19　基座（零件 1）

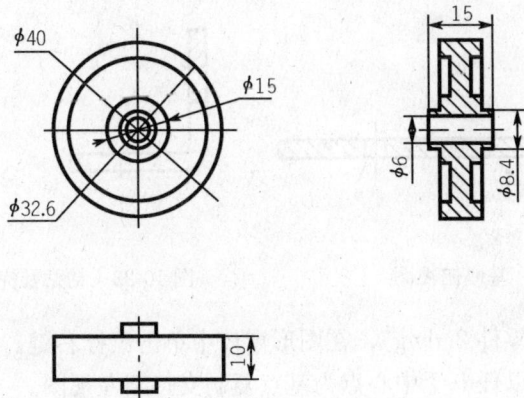

图 10-20　皮带轮（零件 6）

任务实施

一、操作流程图

操作流程如图 10-21 所示。

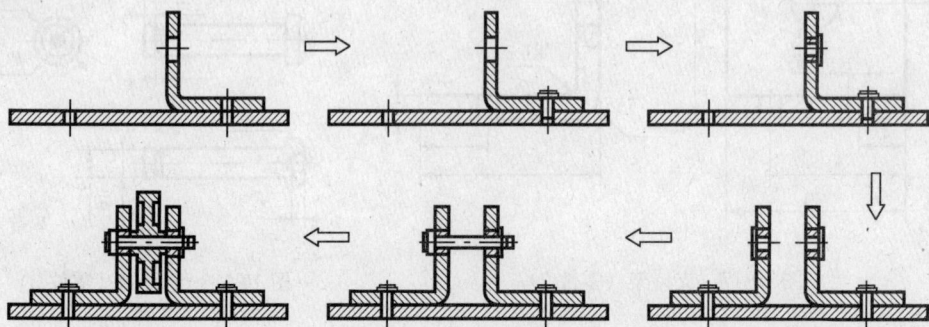

图 10-21 操作流程图

二、操作步骤

（1）利用复制及粘贴功能把零件图插入到装配图中，并按规定位置装配起来。

1）绘制 7 个零件图，文件名分别是"零件 1.dwg"、"零件 2.dwg"、"零件 3.dwg"、"零件 4.dwg"、"零件 5.dwg"、"零件 6.dwg"及"零件 7.dwg"。

2）创建新图形文件，文件名为"皮带轮装配图.dwg"。

3）切换到图形"零件 1.dwg"，在图形窗口中单击鼠标右键，弹出快捷菜单，选择【带基点复制】选项，N_1 为基点，复制基座俯视图，如图 10-22 所示。

4）切换到图形"皮带轮装配图.dwg"，在图形窗口中单击鼠标右键，弹出快捷菜单，选择【粘贴】选项，结果如图 10-22 所示。

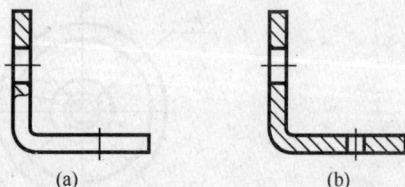

图 10-22 基座俯视图   图 10-23 粘贴及完善支持架左视图

5）切换到图形"零件 2.dwg"，在图形窗口中单击鼠标右键，弹出快捷菜单，选择【带基点复制】选项，以任一个中心点为基点复制支持架左视图。

6）切换到图形"皮带轮装配图.dwg"，在图形窗口中单击鼠标右键，弹出快捷菜单，选择【粘贴】选项，结果如图 10-23（a）所示。完善图形，如图 10-23（b）所示。启动【移动】命令，选择正确的基点位置，与"零件 1.dwg"俯视图在配合的 N_1 点重合。删除多余线条，如图 10-24 所示。

7）切换到图形"零件3.dwg"，在图形窗口中单击鼠标右键，弹出快捷菜单，选择【带基点复制】选项，以任一个中心点为基点复制销轴主视图。

8）切换到图形"皮带轮装配图.dwg"，在图形窗口中单击鼠标右键，弹出快捷菜单，选择【粘贴】选项，结果如图10-25（a）所示。启动旋转命令，旋转图形位于装配的位置，如图10-25（b）所示。启动移动命令，选择正确的基点 N_2，把销轴装到装配图上。删除多余线条，如图10-26所示。

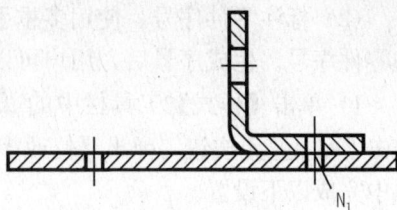

图 10-24 支持架与基座装配

图 10-25 复制及旋转销轴主视图

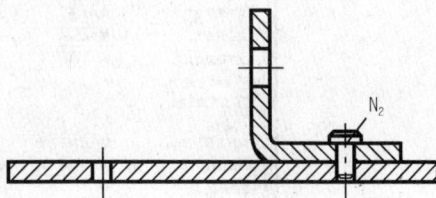

图 10-26 装配销轴

9）同样，将垫圈及轴套的左视图粘贴到装配图上，完善图形，启动移动命令，选择正确的基点位置，与装配图在 N_3 点重合，删除多余线条，如图10-27所示。

10）启动镜像命令，镜像对称的零件到左方位置，如图10-28所示。

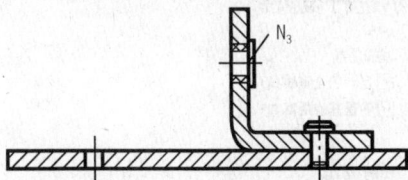

图 10-27 装配垫圈与轴套

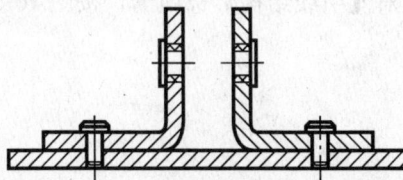

图 10-28 镜像图形

11）将轴销的主视图粘贴到装配图上，启动移动命令，选择正确的基点位置，与装配图在 N_4 点重合。删除多余线条，如图10-29所示。

12）将皮带轮的左视图粘贴到装配图上，启动移动命令，选择正确的基点位置，与装配图在 N_5 点重合。删除多余线条，如图10-30所示。

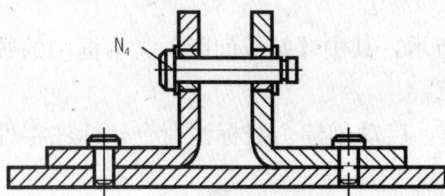

图 10-29 装配销轴

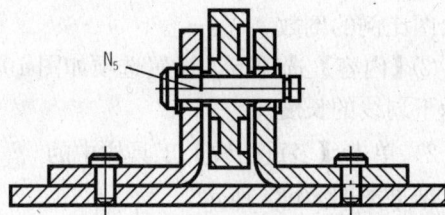

图 10-30 装配皮带轮

（2）标注零件序号。使用多重引线命令，可以很方便地创建带下划线或带圆圈形式的零件序号。生成序号后，用户可以通过夹点编辑方式，调整引线序号数字的位置。

1）单击【样式】工具栏中的　　按钮，弹出【多重引线样式管理器】对话框，再单击　修改(M)...　按钮，弹出【修改多重引线样式】对话框，如图 10-31 所示。在该对话框中完成以下设置。

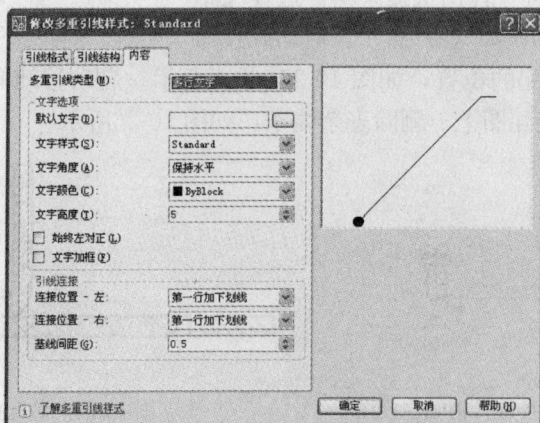

图 10-31　【修改多重引线样式】对话框

① 对【引线格式】选项卡，按图 10-32 所示进行设置。

② 对【引线结构】选项卡，按图 10-33 所示进行设置。

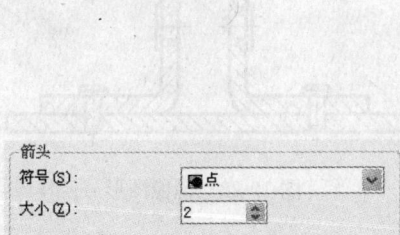

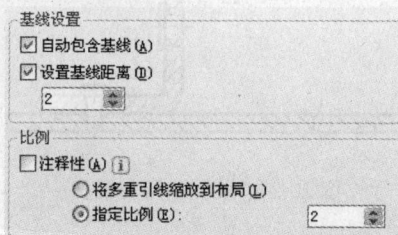

图 10-32　【引线格式】选项卡的　　　　　图 10-33　【引线结构】选项卡的
【箭头】选项区域　　　　　　　　　　　【基线设置】及【比例】选项区域

文本框中的数值"2"表示下划线与引线间的距离，【指定比例】文本框中的数值等于绘图比例的倒数。

③【内容】选项卡。设置选项如图 10-31 所示，其中【基线间距】文本框中的数值表示下划线的长度。

2）单击【多重引线】工具栏中的　　按钮，启动创建引线标注命令，标注零件序号，结果如图 10-34 所示。

3）对齐零件序号。

① 单击【多重引线】工具栏中的　　按钮，选择零件序号 1、2、4，按 Enter 键，然后选择要对齐的序号 3 并指定水平方向为对齐方向，结果如图 10-35 所示。

② 用相同的方法将序号 5、7 与序号 6 在水平方向对齐，如图 10-35 所示。

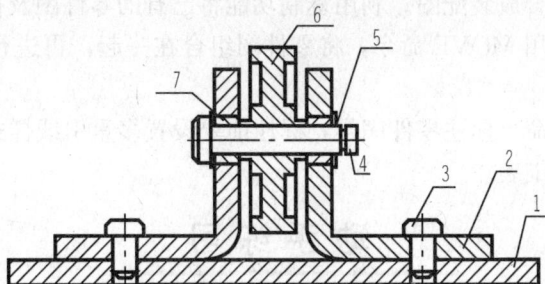

图 10-34 标注零件序号

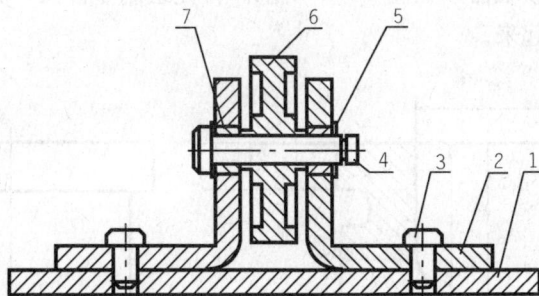

图 10-35 对齐零件序号

（3）编写明细表。用户可以事先创建空白表格对象并将其保存在一个文件中，当要编写零件明细表时，打开该文件，然后填写文字。

打开教师自备教学文件"项目十＼素材＼明细表.dwg"，该文件包含一个零件明细表。在此表中填写文字，再复制粘贴到图框里。

> 根据装配图拆画零件图。
>
> 绘制了精确的机器或部件的装配图后，可以利用 AutoCAD 的复制及粘贴功能，从该图拆画零件图，具体过程如下。
>
> （1）将结构图中某个零件的主要轮廓复制到剪贴板上。
>
> （2）通过样板文件创建一个新文件，然后将剪贴板上的零件图粘贴到当前文件中。
>
> （3）在已有零件图的基础上进行详细的结构设计，要求精确地绘制，以便以后利用零件图检验装配尺寸的正确性。

项目小结

本项目学习了零件图与装配图的绘制，小结如下。

（1）绘制轴类零件图的方法及技巧。

.（2）由零件图组合成装配图。利用复制功能将已有的零件图及标准件，粘贴到新的图形文件中，然后利用 MOVE 命令，将零件图组合在一起，再进行必要的编辑以形成装配图。

（3）用多重引线命令标注零件序号，标注前要设置多重引线样式。

（4）编写零件明细表。

动手练习

（1）绘制如图 10-36 所示的箱座零件图。

（2）绘制装配图联轴器，如图 10-37 所示。首先绘制零件图，如图 10-38～图 10-42 所示，再把它们装配起来。

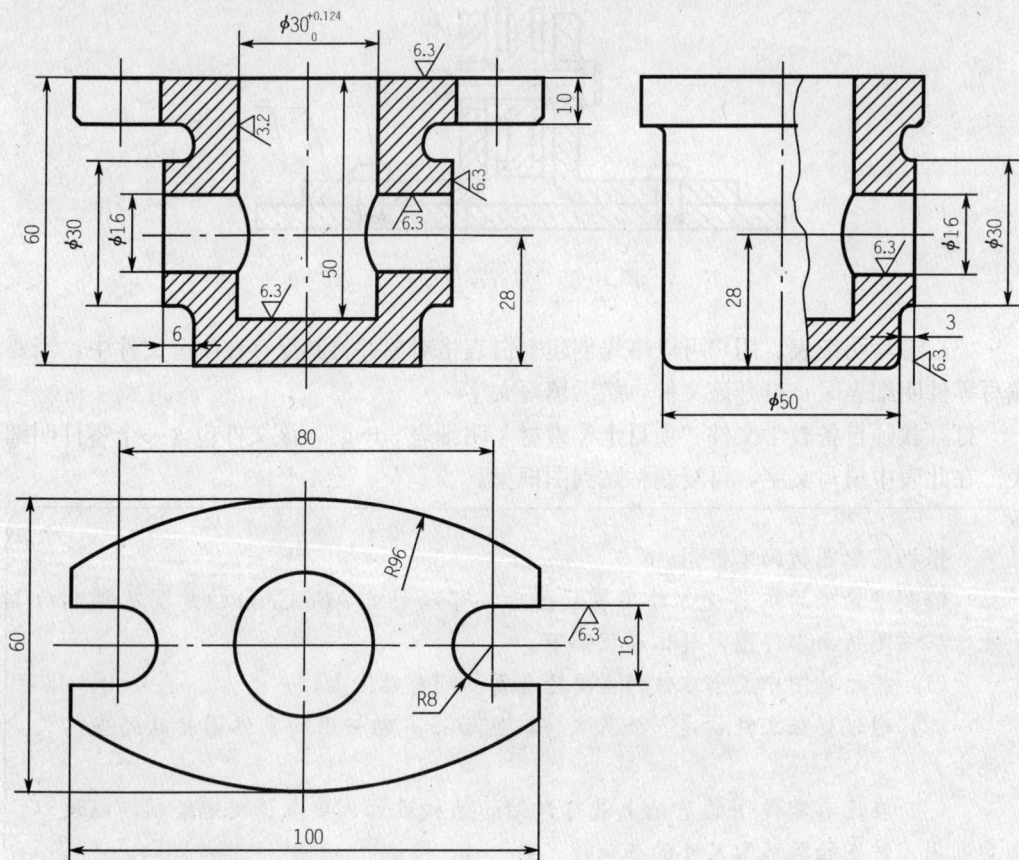

图 10-36　箱座零件图

5	右联轴器	1	35	
4	螺栓 M8×40	4		GB/T68-2000
3	垫圈 8A140	4		GB/T95-1985
2	螺母 M8	4		GB/T6171-2000
1	左联轴器	1	35	
序号	零件名称	数量	材料	备注

LYD5型联轴器

	比例	质量	共 张	(图样代号)
			第 张	
制图	(签名)	(日期)		(单位名称)
审核	(签名)	(日期)		

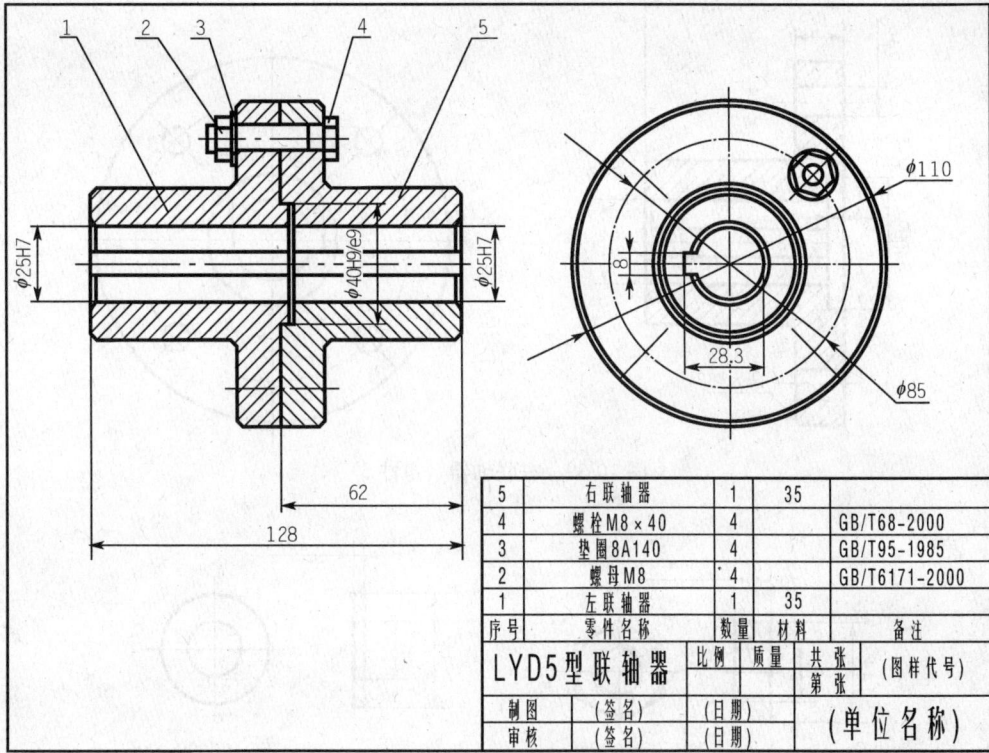

图 10-37　LYD5 联轴器装配图

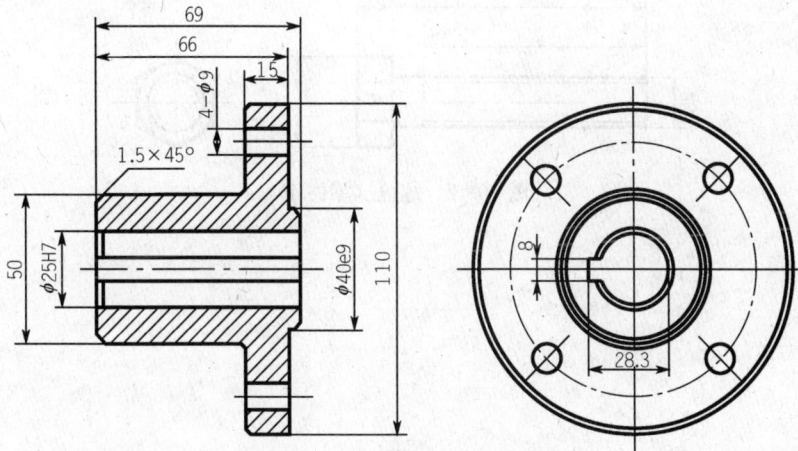

图 10-38　左联轴器（零件 1）

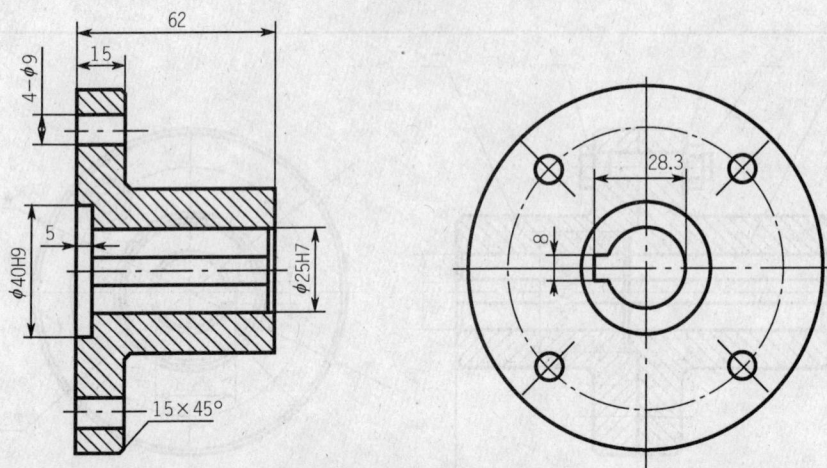

图 10-39　右联轴器（零件 5）

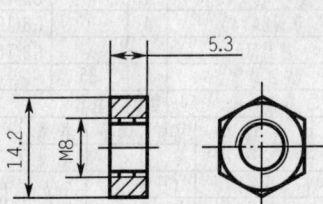

图 10-40　螺母（零件 2）

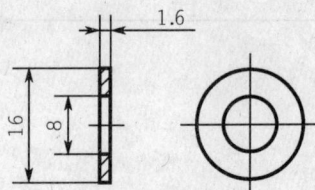

图 10-41　垫圈（零件 3）

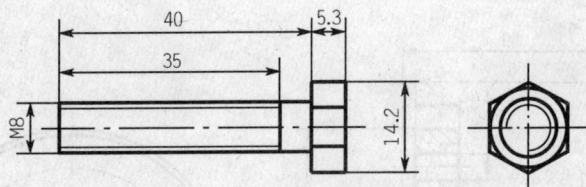

图 10-42　螺栓（零件 4）

附录

AutoCAD 证书考试练习题

1. 基本设置。

(1) 按以下规定设置图层及线型，并设定线型比例为 0.3。绘图时不考虑图线宽度。

图层名称	颜色	(颜色号)	线型
01	绿	(3)	实线 Continuous（粗实线用）
02	白	(7)	实线 Continuous（细实线、尺寸标注及文字用）
04	黄	(2)	虚线 ACAD_ISO02W100
05	红	(1)	点划线 ACAD_ISO04W100
07	粉红	(6)	双点划线 ACAD_ISO05W100

(2) 按 1∶1 比例设置 A3 图幅（横装）一张，留装订边，画出图框线（纸边界线已画出）。

(3) 按国家标准的有关规定设置文字样式，然后画出并填写如附图 1 所示的标题栏。不标注尺寸。

(4) 完成以上各项后，保存文件。

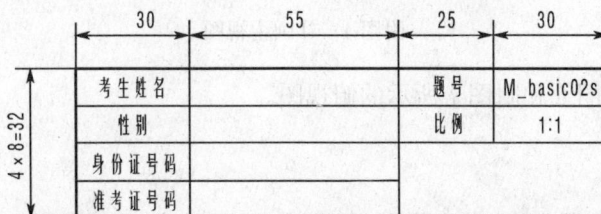

	30	55	25	30

考生姓名			题号	M_basic02s
性别			比例	1:1
身份证号码				
准考证号码				

4×8=32

附图 1　标题栏

2. 补画视图。

(1) 补画如附图 2 和附图 3 所示的左视图。

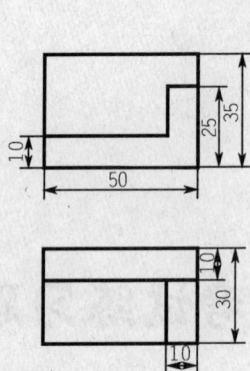

附图 2　补画左视图　　　　　　　　附图 3　补画左视图

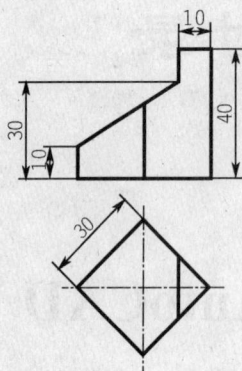

（2）补画如附图 4 和附图 5 所示的主视图。

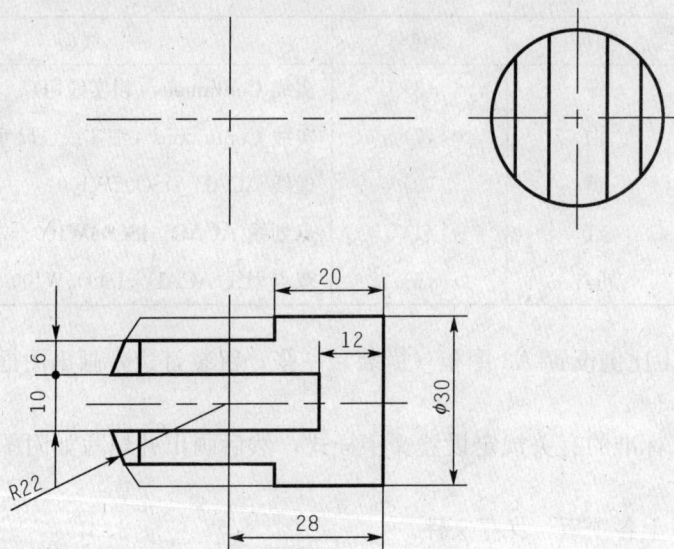

附图 4　补画主视图

（3）补画如附图 6 和附图 7 所示的俯视图。

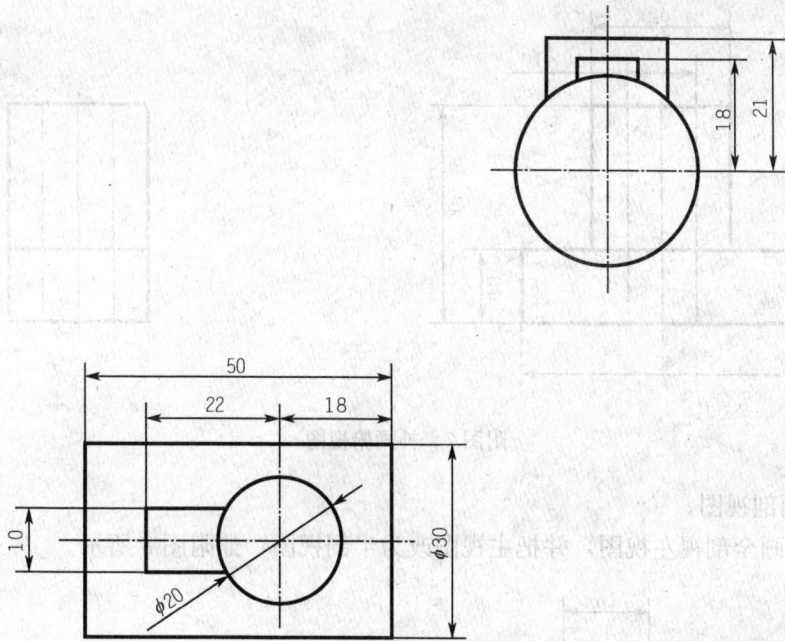

附图5 补画主视图

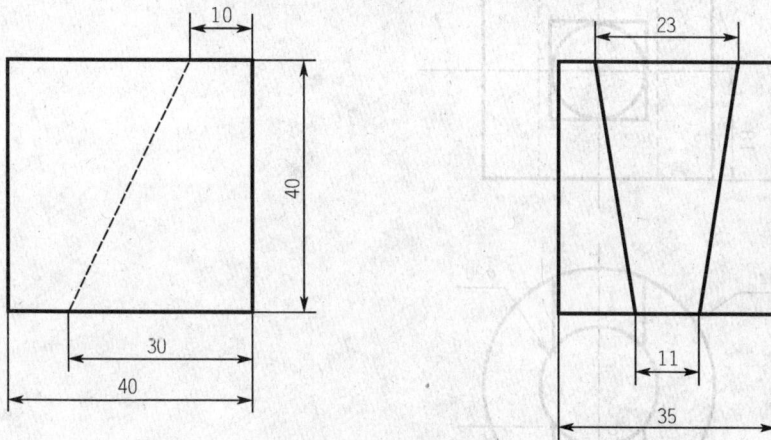

附图6 补画俯视图

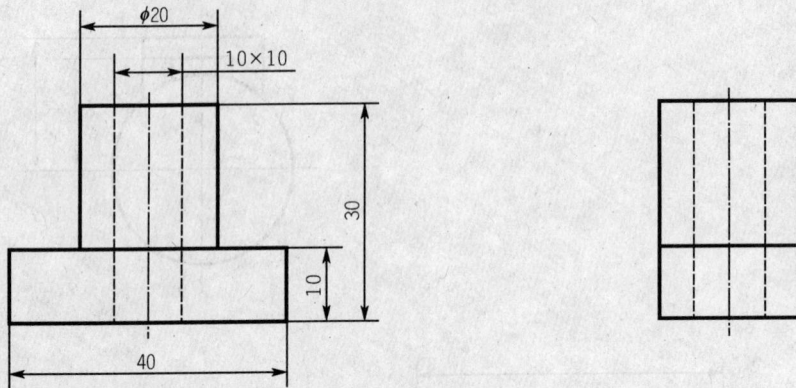

附图 7　补画俯视图

3．补画剖视图。

（1）补画全剖视左视图，并把主视图改为半剖视图，如附图 8 所示。

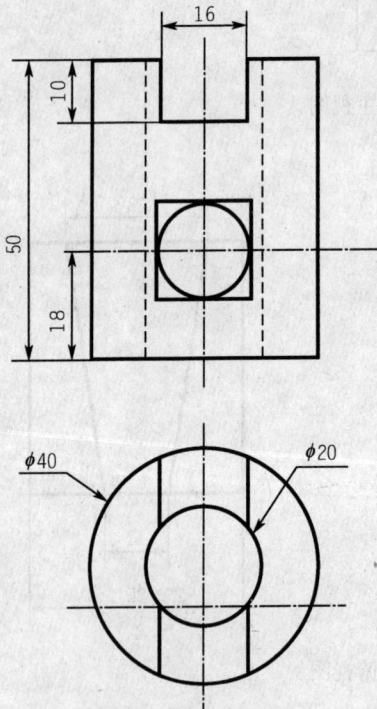

附图 8　补画剖视图

（2）补画全剖视主视图，并把左视图改为半剖视图，如附图 9 所示。

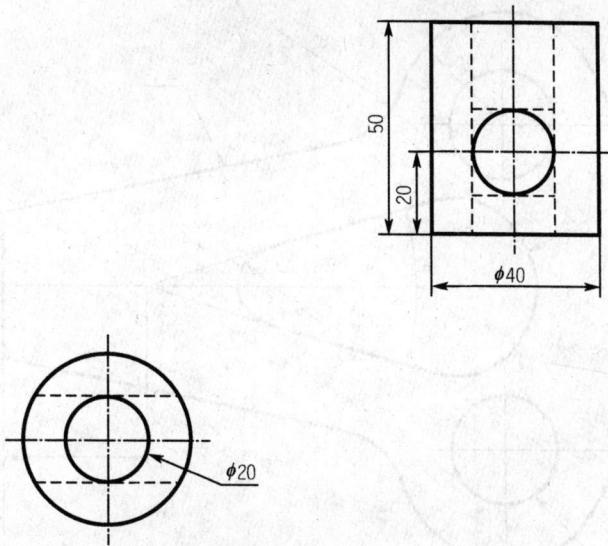

附图 9　补画剖视图

（3）把主视图改为全剖视图，把左视图改为半剖视图，如附图 10 所示。

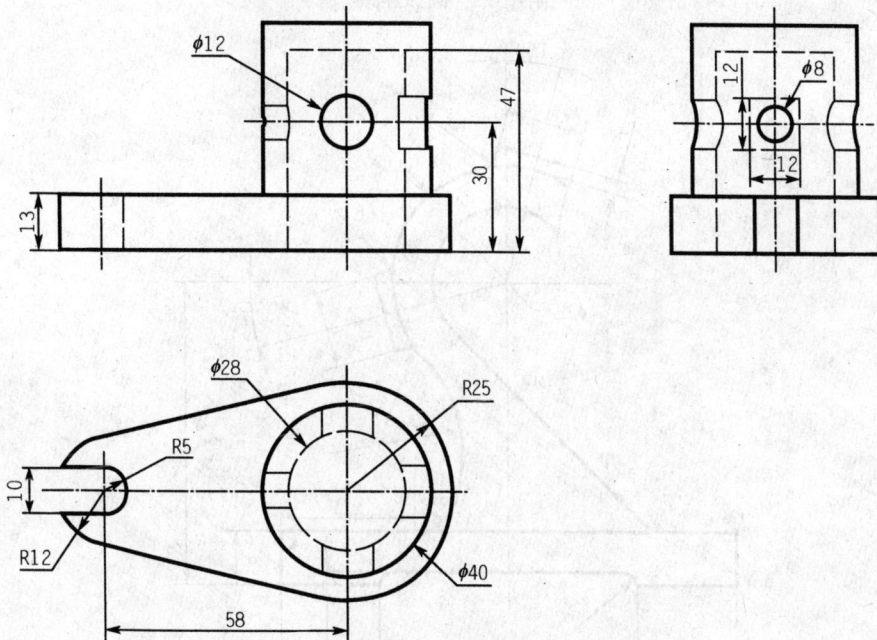

附图 10　改画剖视图

4. 完成圆弧连接，如附图 11～附图 14 所示。

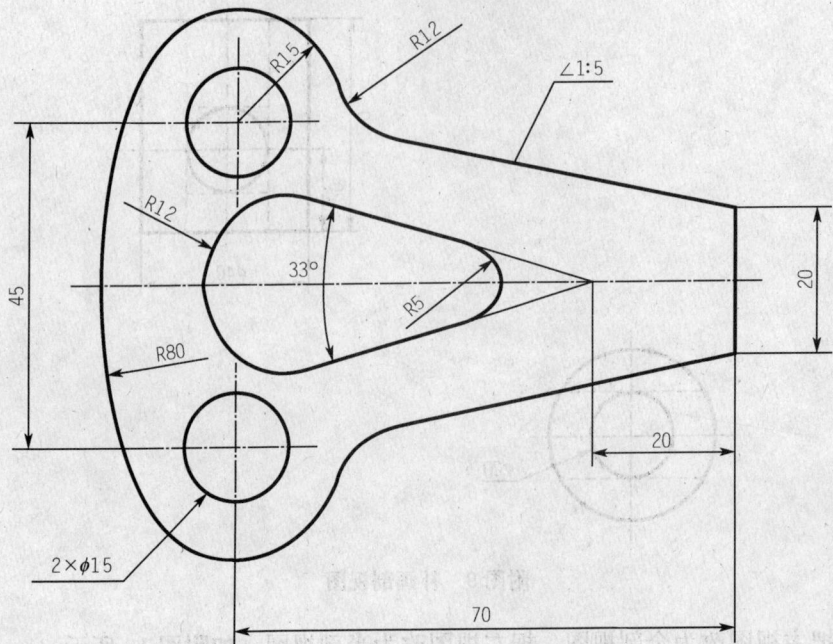

附图 11　圆弧连接

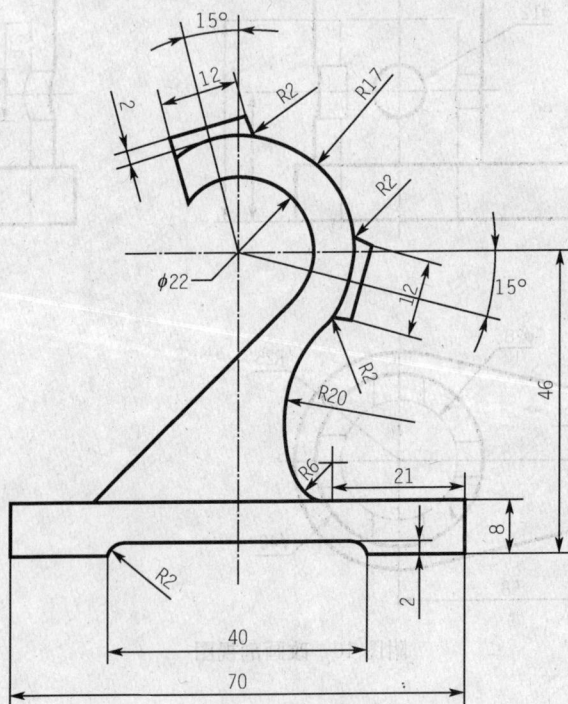

附图 12　圆弧连接

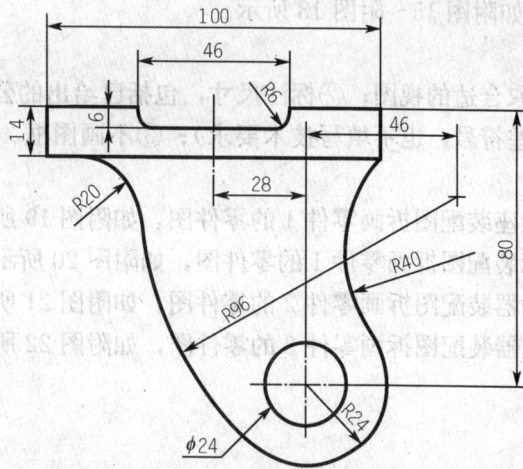

附图13 圆弧连接

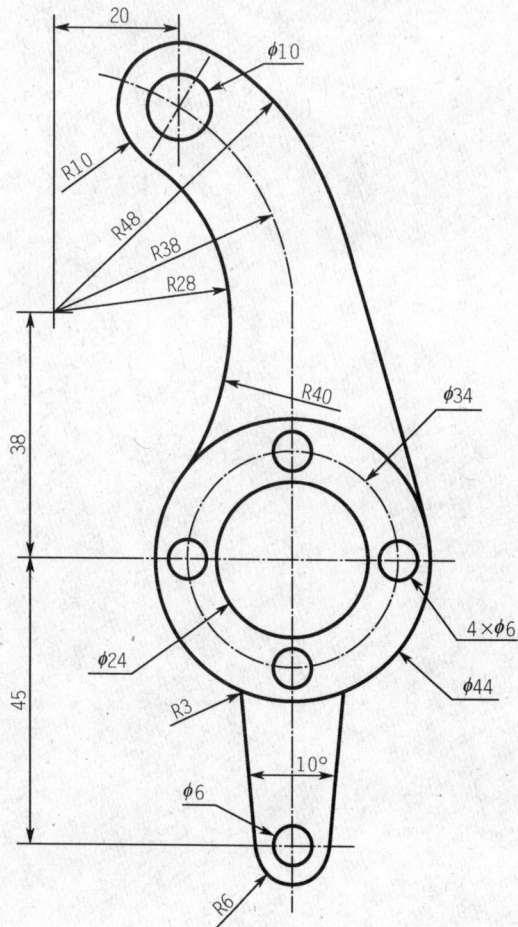

附图14 圆弧连接

5. 抄画零件图，如附图 15～附图 18 所示。

6. 拆画零件图。

具体要求：①选取合适的视图；②标注尺寸，包括已给出的公差代号（不标注表面粗糙度符号和形位公差符号，也不填写技术要求）；③不画图框、标题栏；④技术要求只填写未注圆角。

1) 由给出的托架座装配图拆画零件 1 的零件图，如附图 19 所示。

2) 由给出的轴承装配图拆画零件 1 的零件图，如附图 20 所示。

3) 由给出的连轴器装配图拆画零件 2 的零件图，如附图 21 所示。

4) 由给出的定位器装配图拆画零件 3 的零件图，如附图 22 所示。

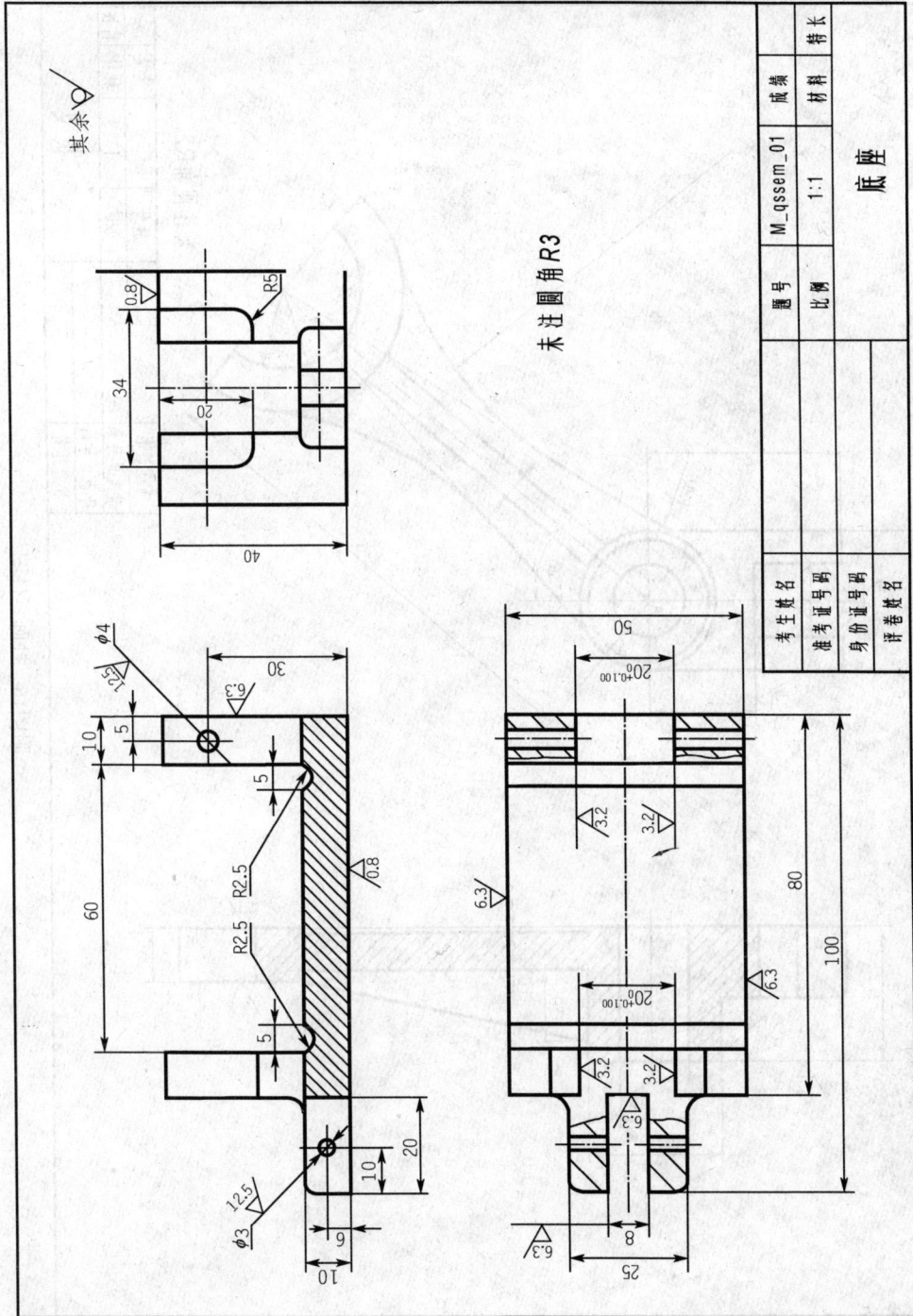

未注圆角R3

其余 ▽

题号	M_qssem_01	成绩		
比例	1:1	材料		
底座				

考生姓名			
准考证号码			
身份证号码			
评卷教师签名		抄画零件图	

附图15 抄画零件图

26

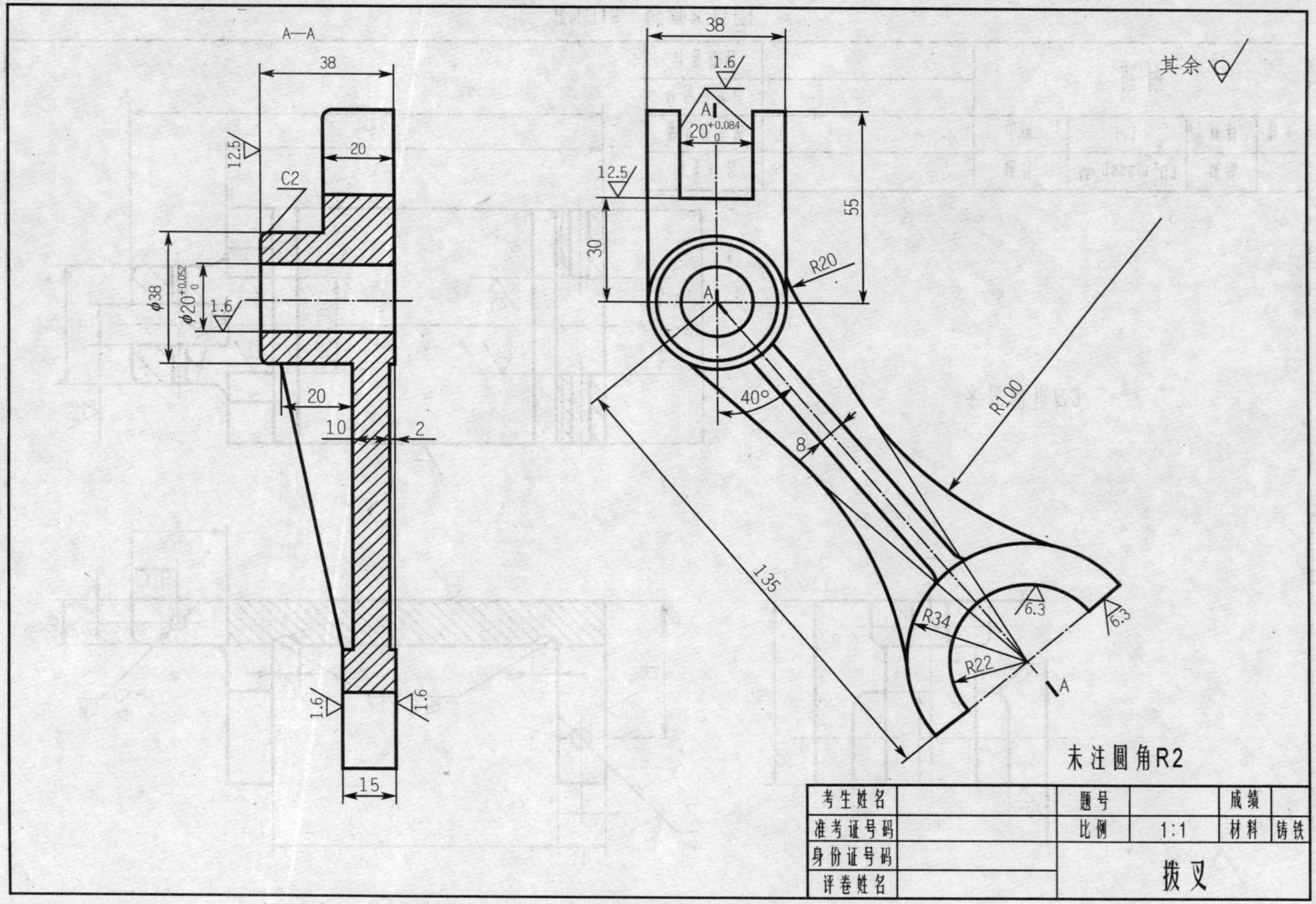

附图16　抄画零件图

其余 ∇

2×C1

17
14
7

A

R10

2×C1

未过圆角R2

	题 号					ZG30
	比 例	1:1	材 料			
考生姓名						
准考证号码						
身份证号码						拨 叉
评卷者姓名						

成绩

$\phi 8^{+0.015}_{0}$

A

3.2

2×C1

6.3

50

C1

3.2

6.3

$\phi 40$

$\phi 25^{+0.033}_{0}$

25

15

40°

10

$93.75^{-0.1}_{-0.2}$

10±0.2

2

5

10

$\phi 55^{+0.074}_{0}$

R38

6.3

12.5

2.5

$14^{-0.050}_{-0.160}$

6.3

6.3

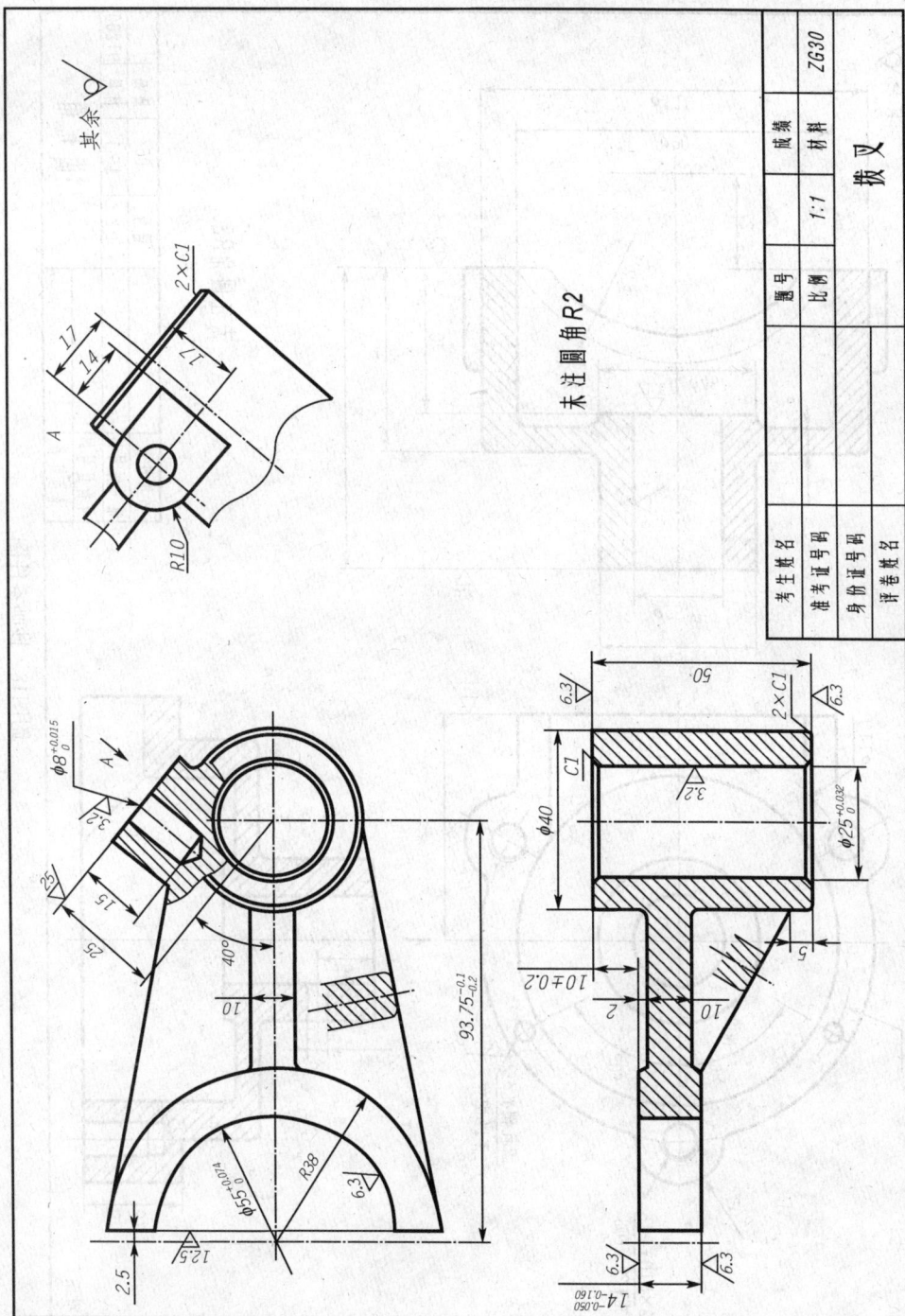

附图17 抄画零件图

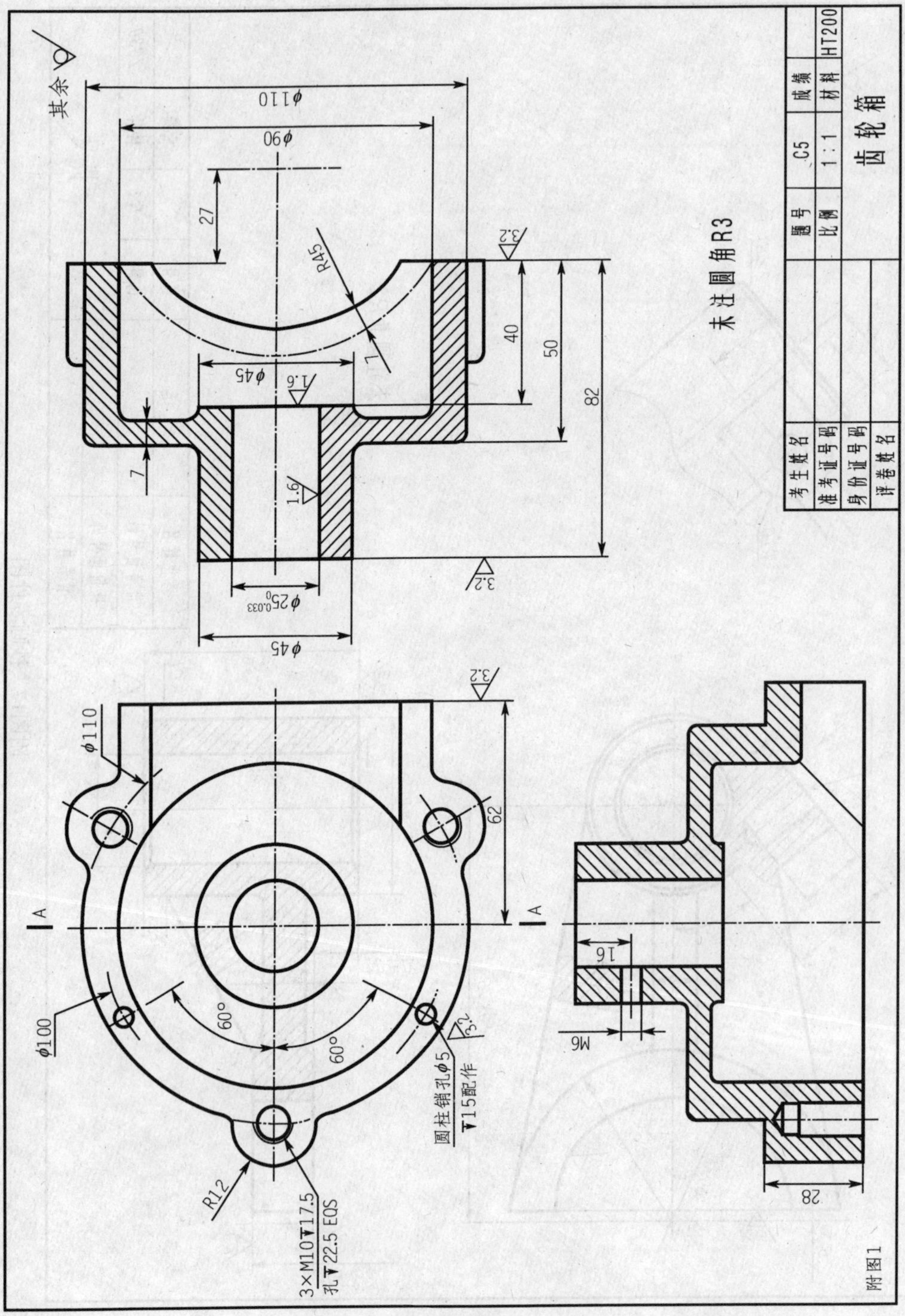

附图18　抄画零件图

序号	零件名称	数量	材料	备注
3	螺钉M8×20	4	A3	GB/T68-2000
2	固定板	1	30	
1	托架	1	HT100	

考生姓名			图号	M_assem01
性别			比例	1:1
身份证号码				托架座
准考证号码				

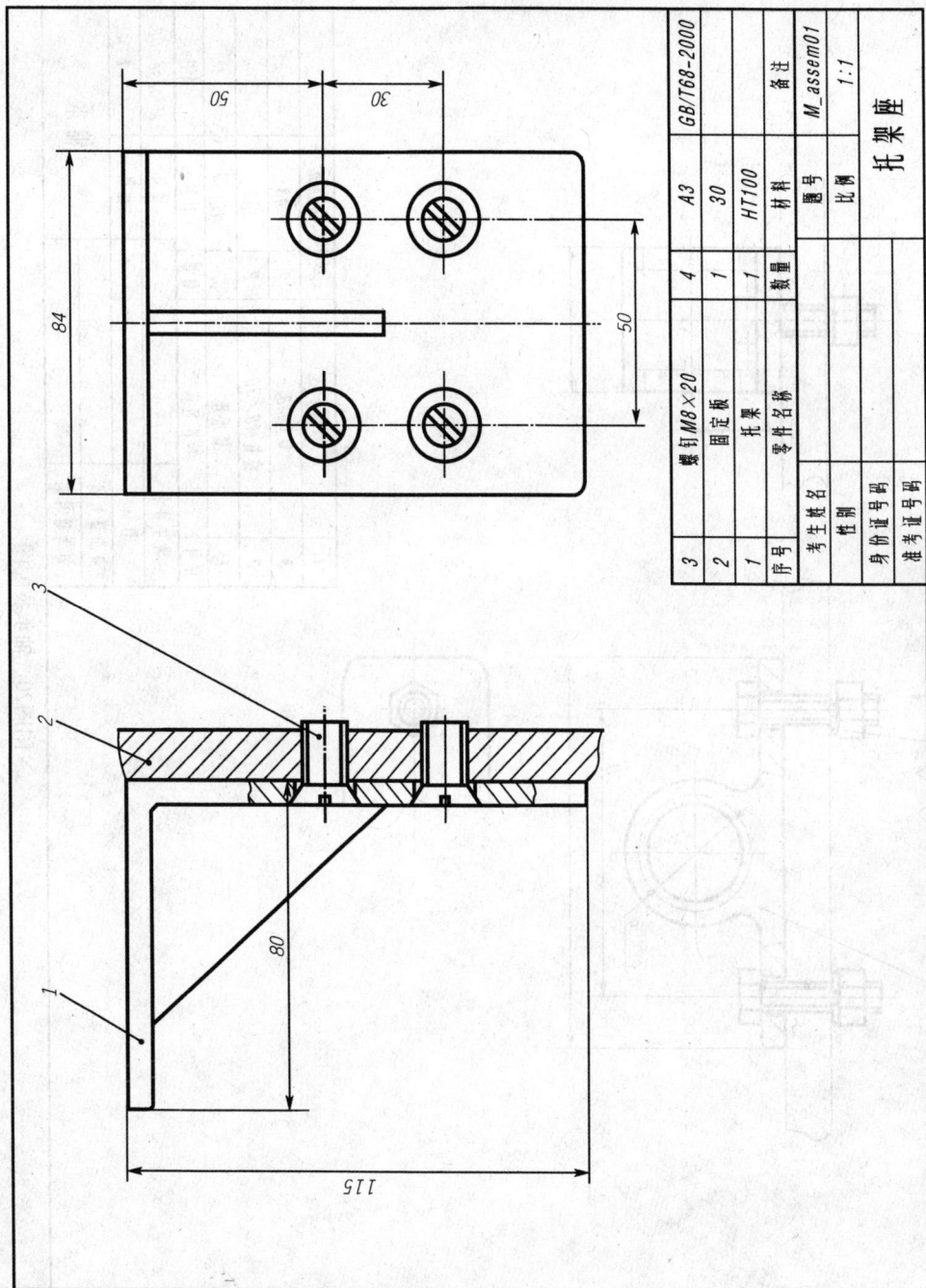

附图19 托架座装配图

序号	零件名称	数量	材料	备注
4	垫圈 8	2	65Mn	
3	螺母 M8	2	A3	
2	螺栓 M8×30	2	A3	
1	轴承座	1	HT150	

考生姓名		题号	M_assem02
性别		比例	1:1
身份证号码		轴承	
准考证号码			

φ24D3

36

22

70

95

A

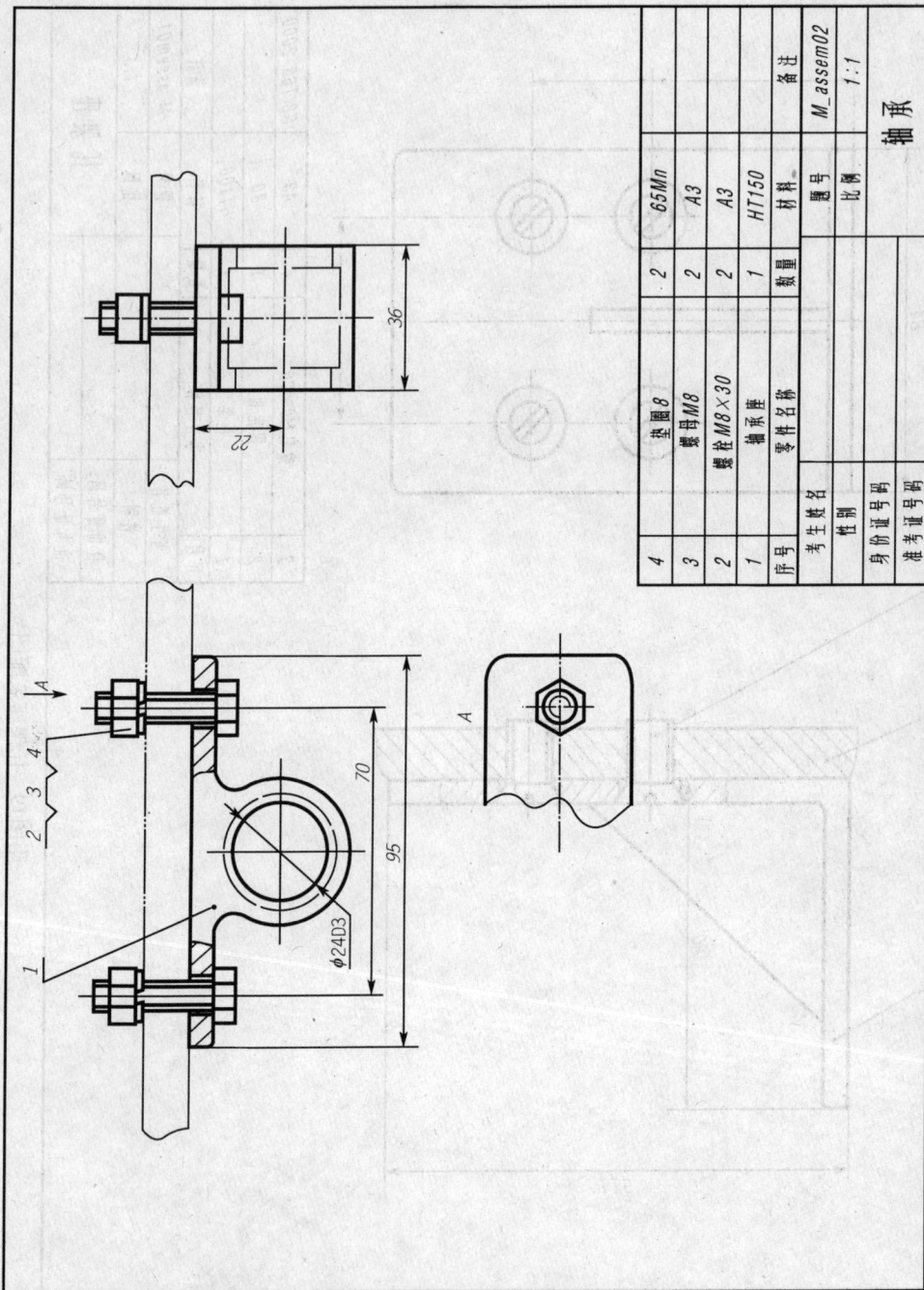

附图20 轴承装配图

5	键5×40	1		备注
4	键5×30	2		
3	轴套	2	A3	
2	连接座	1	A3	
1	轴套	1	45	M_assem01
序号	零件名称	数量	材料	

考生姓名			题号	
性别			比例	1:1
身份证号码				联轴器
准考证号码				

φ30h11/D11

φ22H11/D11

φ22H11/D11

φ30

φ40

70

60

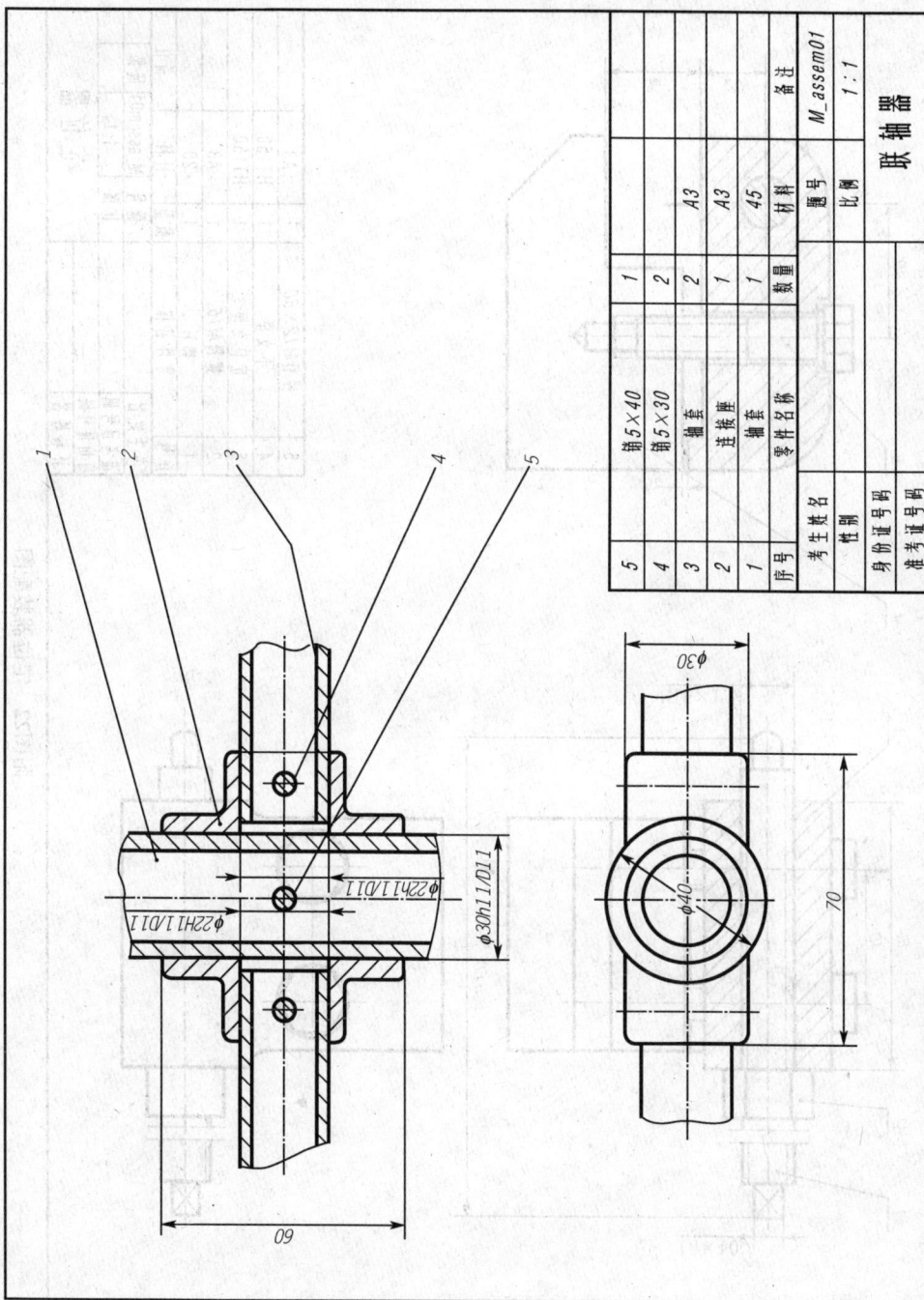

附图21 联轴器装配图

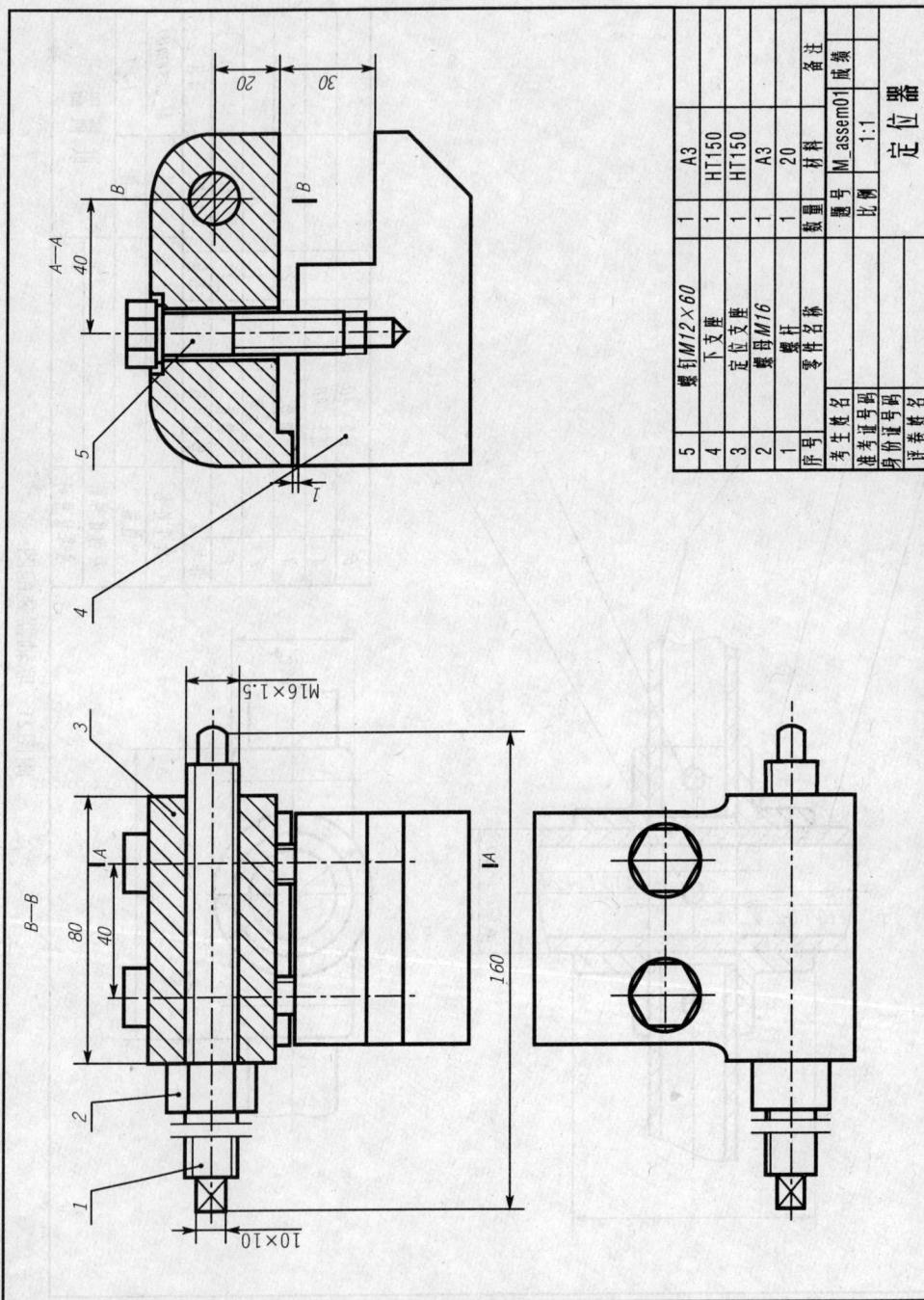

附图22　定位器装配图

5	螺钉M12×60	1	A3	
4	下支座	1	HT150	
3	定位支座	1	HT150	
2	螺母M16	1	A3	
1	螺杆	1	20	
序号	零件名称	数量	材料	备注
考生姓名		题号	M_assem01	成绩
准考证号码		比例	1:1	
身份证号码		定位器		
评价者姓名				

参 考 文 献

郭建华. 2009. AutoCAD 2008（中文版）实用教程 ［M］. 北京：北京理工大学出版社

姜军. 2009. AutoCAD 2008 中文版应用基础 ［M］. 北京：人民邮电出版社

吴机际. 2008. 机械制图 ［M］. 广州：华南理工大学出版社

吴机际. 2008. 机械制图习题集 ［M］. 广州：华南理工大学出版社